一流はなぜ「シューズ」にこだわるのか

三村仁司

青春新書
INTELLIGENCE

はじめに

「勝てるクツをお願いします」

女子マラソンで日本代表となった野口みずき選手は、私にそう言いました。

当然のことながら「絶対に勝てる」魔法のようなシューズなどあるはずがありません。それでも、野口選手が決して軽い気持ちで口にしたのではないことは、私を見つめる眼差しを見ればわかりました。真剣に「勝てるクツ」を求めていたのです。野口選手の「勝ちたい」という強い気持ちがストレートに伝わってきました。

「おう、ええよ。『勝てるクツ』、作ったる」。私も野口選手の目をまっすぐに見つめ、言い返しました。2004年のアテネオリンピック時の話です。

私の仕事はシューズ作りです。これまでほぼ半世紀にわたって、世界で活躍するトップアスリート向けのシューズ（別注シューズ）を製作してきました。

私がシューズを提供したアスリートは、1976年のモントリオールオリンピックの男子マラソン代表だった宇佐美彰朗《あきお》選手をはじめ、80年代に日本の男子マラソン界をリードした宗茂・宗猛選手、瀬古利彦選手、中山竹通《たけゆき》選手、谷口浩美選手、92年のバルセロナオリンピックで銀メダルを獲得した森下広一選手らがいます。

女子マラソンではバルセロナ（銀）と96年のアトランタオリンピック（銅）で2大会連続のメダルを獲得した有森裕子選手、2000年のシドニーオリンピックの女子マラソンで金メダルを獲得した高橋尚子選手、そして、04年のアテネオリンピックで金メダルを獲得した野口みずき選手などのシューズも作りました。

陸上競技以外でも、野球ではメジャーリーグで活躍するイチロー選手らに試合用スパイクを、サッカー日本代表の香川真司選手には試合用スパイクに入れるインソール（中敷き）とトレーニング用シューズを製作してきました。ラグビー日本代表の五郎丸歩選手のインソールやテニスの錦織圭選手の試合用シューズも私のシューズ工房で私の息子が製作するなど、現在でもさまざまな競技のシューズを手がけています。

この原稿を書いている2016年には、リオデジャネイロオリンピック・パラリンピックが開催されます。男子マラソンでは佐々木悟選手と石川末廣選手が、女子マラソンでは伊藤舞選手と田中智美選手が、私が製作したシューズを履いて出場する予定です。

オリンピックや世界で戦うアスリートたちは、みな勝負にとことんこだわり、自己記録や世界記録を目指して、私たちの想像をはるかに超えたギリギリの努力をしています。そのため、「シューズ」への要求、こだわりにも妥協がありません。

アスリートたちが勝負にすべてを懸けたように、私もシューズ作りに文字通り心血を注ぎました。アスリートたちのシューズへの「こだわり」を真正面から受け止め、納得させるシューズを製作することは、私にとってアスリートたちとの真剣勝負にほかなりません。

そんなアスリートたちとの真剣勝負、エピソードを通じて、アスリートたちが華々しい活躍の陰で続けている「見えない努力」、シューズを巡る「見えない戦い」を知っていただけたらと思い、本書を著しました。

自分の足に合ったシューズを履き、ケガや故障をせずに練習ができれば、選手のパフォーマンスは向上します。それはアスリートだけでなく、一般ランナーやスポーツ愛好家にとっても同じことです。本書が多くの人たちにとって、パフォーマンスを大きく左右する「シューズ」をより深く理解するきっかけともなってくれたら、私にとってこの上ない喜びです。

２０１６年７月

三村仁司

一流はなぜ「シューズ」にこだわるのか　目次

第１章　「勝てるシューズ」とは何か？
～「足」を見れば、すべてがわかる

第2章　1ミリにこだわるトップアスリートの世界
～一流と二流を分けるもの

第3章 選手の履きたいシューズは作らない
～シューズ職人として譲れないこと

第4章 シューズで世の役に立つ、ということ
〜究極のシューズ作りとは

付章 世界一のシューズ職人が伝授！「自分に合ったランニングシューズ」の選び方

編集協力／タンクフル
DTP／エヌケイクルー
本文イラスト／嘉戸享二

序章

オリンピックメダリストを支えたシューズ

メダルの数が物語るシューズの力

20人以上のメダリストを生み出した別注シューズ

私が、マラソンランナーをはじめアスリート向けのシューズ（別注シューズ）の製作を始めたのは1974年、モントリオールオリンピックの2年前でした。以来、現在までさまざまなアスリートにシューズを提供し続けてきました。

その中には、2000年のシドニーオリンピックの女子マラソンで金メダルを獲得した高橋尚子選手、2004年のアテネオリンピックの女子マラソンで金メダルを獲得した野口みずき選手など、数多くのメダリストがいます。

正確に数えたことはないのですが、日本人選手と外国人選手を含めると、これまでに20名以上のアスリートが、私のシューズを履いてオリンピックや、オリンピックと並ぶ陸上競技の世界大会である世界陸上競技選手権大会（世界陸上）でメダルを獲得していると思います。

その数が多いのか少ないのかはわかりません。また、その数をことさらに誇ろうとも思いません。メダルを獲得したのは選手であり、私の仕事はそうしたアスリートたちにシューズを提供すること。あくまでも「裏方」です。

ただし、オリンピックでも世界陸上でも、世界のトップアスリートがしのぎを削る大会でメダルを獲得するのは、決して簡単なことではありません。例えば、１９７６年のモントリオールオリンピックからリオデジャネイロオリンピックの前までで、オリンピックのマラソンでメダルを獲得した選手は男子で28名、女子で20名（女子マラソンは84年のロサンゼルス大会から採用）。40年という長い時間の中で、世界中でわずか48名しかオリンピックのマラソンのメダリストにはなれていないのです。

そのことを考えると、オリンピックや世界陸上に出場した多くのアスリートたちのチャレンジを陰ながら少しでも支えることができたのであれば、それは素直に嬉しいことであり、私の誇りでもあります。

たったひとりで始まった別注シューズ作り

アスリート向けの特別なシューズの製作を始めたとき、私は株式会社アシックスの前身であるオニツカ株式会社に在籍していました。１９６６年にオニツカに入社して７年目の頃、新たにスタートするトップアスリート用のシューズ開発プロジェクトの担当者となったのがきっかけでした。

担当者といっても私ひとりだけの部門で、しかも、新設部署でしたから上司も先輩もいません。要するに、たったひとりで試行錯誤しながらのスタートでした。

このプロジェクトは、「オニツカシューズを世界のアスリートに使用してもらう」「日本人選手にオニツカシューズでメダルを獲得してほしい」という思いで開始され、私も同じ気持ちで取り組みました。当時はまだ一流選手でも市販品、あるいは市販品を自分用に微調整して履くことが多かった時代です。例えば１９６８年のメキシコシティオリンピックの男子マラソンで銀メダルを獲得した君原健二選手でさえも、市販品の布製のマラソンシューズをもとに微調整して履いていました。

君原選手の微調整でユニークだったのは、レース後半、足がむくんでつま先がきつくなってしまうのを避けるため、シューズの親指部分を最初からくり抜くように切り取っていたこと。シューズから親指が出るようにしていたのです。

このように、選手が市販品に自分なりの工夫をして調整することはありましたが、アスリートならではのハイレベルなリクエストに応える特別なシューズを作るということは珍しい時代でした。

そこでオニツカでは、一流選手に働きかけて特別なシューズを履いてもらい、「選手を強くする」と同時に、それによる宣伝効果を期待しました。そのシューズ製作の担当者に任命されたのが私だったのです。

「アスリートの気持ちがわからないといけない」

なぜ、私がトップアスリート用のシューズ製作の担当者となったのか。その理由は大きく二つあると思っています。一つめは、私が入社以来、工場の製造現場でシューズの成型や製造工程を基礎から学び、さらにその後に配属された部署で素材開発も経験していたからです。つまり、入社から7年間の経験で、シューズについてはその構造も製造工程も素材も一通りわかっていたことがあります。

そして、もう一つが、私が陸上競技の選手でもあったからだと思います。私は高校時代、地元・兵庫県の陸上強豪校・飾磨工業高校の陸上部に所属する長距離ランナーでした。インターハイにも出場しています。就職先にオニツカを選んだのも、陸上競技と無関係ではありません。

オニツカの入社試験の面接で、当時の鬼塚喜八郎社長から「5000メートルをどのくらいで走るんだ?」と聞かれて、「16分10秒くらいです」と答えたのを覚えています。すると、鬼塚社長が「うちの陸上部員で一番速いのが17分30秒や。1分以上も速いな」と驚いていました。

オニツカに入社してからは陸上部にも所属し、フルマラソンも経験しています。ベストタイムは2時間28分台です。今でこそ、「平凡な記録」と思われるでしょうが、君原選手の当時のベストタイムが2時間16分台でしたから、28分台もそこそこ良い記録だったのではないかと思っています。

いずれにせよ、私がアスリート向けのシューズ製作の担当者となったのには、私自身がオニツカの陸上部に所属していた長距離選手だったことが、大きな理由だったと思っています。アスリート向けの特別なシューズを作るなら、「アスリートの気持ちがわからないといけない」ということだったのでしょう。その上で、入社以来の経験で「シューズの作り方もわかっている」。この二つが大きな理由だったようです。

ソウル五輪のマラソンでは、男女とも金メダルを獲得

そんな私が最初にオリンピック選手のためにシューズを製作したのは、１９７６年のモントリオールオリンピックからです。当時のマラソン日本代表は宇佐美彰朗選手、水上則安選手、宗茂選手でした。結果は宗茂選手の20位が最高で、水上選手が21位、宇佐美選手が32位でした。当時の日本男子マラソン界は、まだ世界と戦えるレベルにはなかったということかもしれません。

そのモントリオールオリンピックで、私のシューズを履いた最初のメダリストが誕生しています。男子1万メートルの金メダリスト、フィンランドのラッセ・ビレン選手でした。

ラッセ・ビレン選手が金メダルを獲得したのは、私にとっては選手のリクエストを受け止め、それにシューズ製作の立場からしっかりと応えることで金メダルに結びついた最初のケースでした。試行錯誤で取り組み始めて2年目の頃で、自分の考え方や作り方に手応えを感じることができたのを覚えています。

ラッセ・ビレン選手は、金メダルのゴール後に、シューズを両手に掲げて競技場内を1周、ウイニングランをしました。陸上選手にとってシューズがどれほど大切なものかをあらためて思い知らされた出来事として、今でも思い出します。

1988年のソウルオリンピックでは、男女のマラソンの金メダリストが、いずれも私が提供したシューズを履いていました。このときも外国人選手で、男子マラソンのジェリンド・ボルディン選手（イタリア）と女子マラソンのロザ・モタ（ロサ・モタ）選手（ポルトガル）です。

ロザ・モタ選手は、その前年に世界陸上ローマ大会でも金メダルを獲得しており、ソウルオリンピックでの金メダルで、マラソン選手としては史上初めて世界陸上とオリンピックでの2冠達成となりました。

日本のマラソン界を牽引してきた別注シューズ

私のシューズを履いた日本人選手が初めてメダルを獲得したのは、1991年の世界陸上東京大会でした。男子マラソンの谷口浩美選手が見事に金メダルを獲得したのです。日本の男子マラソン史上で事実上、初めての金メダルという快挙でした。

じつは、谷口選手の快挙以前、1984年のロサンゼルスオリンピックのときにもメダルが期待された瀬古利彦選手、宗茂選手、宗猛選手の3選手にシューズを作りました。1988年のソウルオリンピックでも、瀬古選手、中山竹通選手や新宅永灯至《ひさとし》選手にシューズを履いてもらいました。

しかし、残念ながら、いずれの選手もメダルには手が届きませんでした。それだけに、谷口選手の金メダルは日本の陸上競技界にとっても、私にとっても大きな出来事でした。

しかも、谷口選手は優勝後のインタビューで「三村さんのシューズのおかげです」と答えてくれました。陸上競技の関係者からは「メダルを獲得したらそう言ってくれと頼んでいたのか」などと冷やかされたものです。もちろん、そんなことはありません。

谷口選手がインタビューで「シューズのおかげ」と言ってくれたことは、シューズの製作者という「裏方」にもスポットライトを当ててくれたということで、とても嬉しく感じました。

もちろん、「シューズのおかげ」だけで勝てたわけではありません。アスリートたちが、オリンピックや世界陸上でのメダル獲得に向けてどれほど汗を流しているのかは、自分自身が陸上競技をやっていた経験からもわかっていました。そうした努力があってこその世界陸上でのメダルですから、選手がその栄光を手にすべきなのは当然です。

その上で、谷口選手が「シューズのおかげ」と言ってくれたことを考えると、その嬉しさはひとしおであり、同時にシューズが選手にとって「どれほど大切なものなのか」、シューズが「結果を大きく左右する要因の一つになる」ことを強く感じ、シューズ職人として身の引き締まる思いがしたものです。

自分のシューズ工房を立ち上げる

その後、１９９２年のバルセロナオリンピックでは、男子マラソンで森下広一選手が、女子マラソンでは有森裕子選手がともに銀メダルを獲得しています。この頃から女子のマラソン界では日本人選手の活躍が目立ちはじめ、翌１９９３年の世界陸上シュトゥットガルト大会では女子マラソンで浅利純子選手が金メダルを獲得しています。

１９９６年のアトランタオリンピックでは有森選手が２大会連続となるメダル（銅）を獲得しました。「初めて自分で自分を褒めたいです」という言葉に多くの日本人が感動したことを覚えている人も多いでしょう。

この頃になると、日本の女子マラソン選手は、世界最高記録を狙えるほどに強くなり、１９９７年には世界陸上アテネ大会で鈴木博美選手が、２０００年のシドニーオリンピックでは高橋尚子選手が、２００４年のアテネオリンピックでは野口みずき選手がそれぞれ金メダルを獲得しています。

著者が別注シューズを提供した日本人メダリスト

種　目	種類	メダリスト	大　会
男子マラソン	金	谷口浩美	1991年世界陸上
男子マラソン	銀	森下広一	1992年バルセロナ五輪
女子マラソン	銀	有森裕子	1992年バルセロナ五輪
女子マラソン	金	浅利純子	1993年世界陸上
女子マラソン	銅	有森裕子	1996年アトランタ五輪
女子マラソン	金	鈴木博美	1997年世界陸上
女子マラソン	金	高橋尚子	2000年シドニー五輪
女子マラソン	金	野口みずき	2004年アテネ五輪

著者や著者の工房が別注シューズを提供してきた主なアスリート
※トレーニングシューズ、インソールのみも含む

マラソン	君原健二　宇佐美彰朗　寺沢徹　瀬古利彦 宗茂　宗猛　中山竹通　新宅永灯至 谷口浩美　森下広一　増田明美　有森裕子 浅利純子　鈴木博美　山口衛里　高橋尚子 野口みずき
プロ野球	吉村禎章　イチロー　新庄剛志　金本知憲 赤星憲広　和田毅　前田智徳　田中賢介 青木宣親
サッカー	香川真司
ラグビー	五郎丸歩
テニス	錦織圭
ボクシング	長谷川穂積
テニス	沢松奈生子
F1	ミカ・ハッキネン　高木虎之介
レスリング	浜口京子
スキー	船木和喜
スケート	岡崎朋美
パラリンピック	高田晃一　佐藤真海

これらのアスリートたちは、みんな私が作ったシューズを履いてくれていました。ちなみに日本が不参加だった１９８０年のモスクワオリンピックの前年、１９７９年に開催されたプレ大会では、日本選手団約60人のうち30人が、私が作ったシューズを履いて参加しています。

私は２００９年にアシックスを定年退職し、現在は私自身のシューズ工房である株式会社Ｍ．Ｌａｂ（ミムラボ）を立ち上げています。

後述しますが、マラソンや長距離の陸上競技の選手だけではなく、さまざまな競技のアスリートたちのシューズ作りを続けています。

結果はシューズで8割決まる⁉

一流アスリートほど心理は繊細

陸上競技の中でも長距離、とくにマラソンは勝つことがとても難しい種目です。私がマラソンをしていた頃の経験を振り返っても、「簡単に勝てる競技ではないな」と感じていました。記録が良い選手が勝つとは限らない。42・195キロメートルという距離の長さ、2時間以上にもなる競技時間、しかも、その間、ランナーは少しも休むことなく走り続けなければなりません。

一流のアスリートになれば、走る速度は時速約20キロにも達します。100メートルを約18秒で走る計算で、これは一般の成人男性なら100メートルを「ほぼ全力で」疾走するのに近いスピードではないでしょうか。「100メートルの全力疾走に近い状態を2時間以上も続ける」競技と考えると、マラソンがいかに過酷な競技かがおわかりいただけると思います。

それだけに、勝負にはさまざまなことが影響します。選手のコンディションはもちろん、コースの状態や起伏、天候、気温や湿度に加えて、メンタルな部分がとても大きく影響します。一流のアスリートになればなるほど、その心理は繊細です。

そして、その繊細な心理は、マラソン選手にとって「自分を支えてくれる唯一の道具」ともいえるシューズを履いたときの「感触」や「フィット感」、言うなれば「フィーリング」によって大きな影響を受けます。

例えばマラソンの場合、履いた瞬間の感じや履いて走ったときの感触に少しでも違和感があるようでは、2時間以上にもなる長丁場を戦い抜くことはできません。完走することが目的なら、違和感をごまかしながら走り続けてゴールすることはできるでしょう。しかし、一流のアスリートが目指しているのはオリンピックや世界陸上での頂点です。

ちょっとした違和感から、仮に1キロを走るタイムが10秒遅れたとしても、それが42キロにもなると7分ものタイム差になってしまいます。これではメダル獲得はとうてい望めません。だからこそ、シューズを履いたときの「フィーリング」という「目には見えないもの」に、一流のアスリートになればなるほどこだわります。

そのフィーリングをシューズの機能に取り込み、形にしていくのが私の仕事とも言えます。そんな仕事を始めて、ほぼ半世紀が経過します。

野口みずき選手の「走った距離は裏切らない」の真意

また、「自信」もアスリートの繊細な心理を左右する重要な要因の一つです。マラソンや1万メートルなどのスタート地点に立ったときに「勝てる」と自信を持てるのか、「後半バテるかもしれない」と不安がよぎるのか。その差は想像以上にアスリートのパフォーマンスに影響します。

一流のアスリートにとって「自信」がパフォーマンスにどれだけ影響を与えるのかについては、2004年にアテネオリンピックの女子マラソンで金メダルを獲得した野口みずき選手の「走った距離は裏切らない」という言葉に端的に示されていると思います。

野口選手は、走り込みの時期には毎日40キロ以上、月間1300キロから1400キロ以上も走る選手でした。当時から、その練習量は「男子選手をも上回る」と言われていたほどでした。

150センチという小柄な身体でありながら、走り込みによる鍛えた強い筋力を生かした独特のストライド走法（ストライド＝歩幅を大きく取る走り方）が持ち味でした。足を大きく前に蹴り出し、スピードに乗って駆け抜けるような走法で、アテネオリンピックの他にも、ベルリンマラソン、東京国際女子マラソン、大阪国際女子マラソン、名古屋国際女子マラソンなどでも優勝しています。

そんな野口選手がアテネオリンピックで世界の頂点に立ったときに、「走った距離は裏切らない」と発言したのには「他のどんな選手よりも走り込んできたのだから負けない」という自信があったのだと感じます。裏を返せば、「走り込みが足りない状態では、自信を持つことができない」ということでしょう。

シューズ一つでケガは減らせる

それでは、野口選手が自信を持つだけの走り込みができた理由は何だったのでしょうか。理由は「ケガをしなかったから」に尽きると思います。一流アスリートにとってケガは大敵です。ケガで1週間トレーニングを休むと、元の状態にまで戻すのに「1カ月はかかる」とされています。疲労骨折をしたら、程度によっては数カ月は練習がままならないこともあり、その間の体力低下を取り戻すには「半年かかる」とも「1年かかる」とも言われたりします。

オリンピックは4年に一度しか開催されず、しかも、マラソン選手のピークは20代～30代にかけての10年間ほどしかありません。運が良いアスリートでもピーク時に2回出場できてメダルを狙えるかどうかです。

世界中のトップアスリートがそこに照準を合わせて調整をしてくる中での「1カ月」とか「1年」という期間が、どれほど大きいかは想像に難くありません。ケガや故障でトレーニングができなくなることが、どれだけ大きなマイナスとなってしまうかがわかっていただけると思います。

ケガをしない、故障しないために大切なことの一つがシューズの選定です。「裏切らない」と言い切れるほどに走り込むには、それを可能にしてくれる「ケガをしない、故障しない」シューズが必須です。「それだけの練習を支える」という大きな役割がシューズには求められていると考えています。

野口選手がアテネオリンピックで金メダルを獲得した後、シューズにキスをしたことはよく知られています。私は、野口選手がゴールしたときにスタジアムにいましたが、そのことは知りませんでした。後になって周囲の人たちから聞いたとき、自然と嬉しさが込み上げてきたのを覚えています。アスリートが手にした栄光を少しでも支えることができたのかな、そう思えたときは素直に嬉しいし、シューズ職人として誇りにも思います。

高橋尚子選手の金メダルを支えた「秘密の調整」

2000年のシドニーオリンピックの女子マラソンでは、高橋尚子選手が金メダルを獲得しましたが、そこにも陰ながらシューズが果たしたであろう役割がありました。高橋選手は練習量が多く、自分を追い込むように走り込む選手として知られています。一方で、ケガや故障も多い選手でした。高橋選手のケガや故障の原因の一つとして考えられたのが左右の脚の長さの違いでした。

高橋選手は左脚が右脚よりも約8ミリ長いため、右足はまっすぐに着地できても、左足がそうはならない。左足が外側に向いたようなかたちで着地してしまうので、どうしても突っ張ったような走り方になってしまい、それが故障の原因の一つとなっていました。

突っ張ったような着地で左足に負荷がかかり、足裏の皮がめくれてしまうこともよくありました。マメをしょっちゅう作って、痛がっていたのを覚えています。

私が、高橋選手の脚の長さの違いに気がついたのは、1999年の世界陸上セビリア大会のときでした。レースの10日ほど前に小出義雄監督と高橋選手がアメリカのボルダーか

アテネオリンピックで金メダルを獲得後、著者が製作したシューズにキスをする野口みずき選手。
（写真提供：AP ／アフロ）

ら現地入りし、そのときに高橋選手から「足が痛くて1週間ほど走っていない」と打ち明けられました。

あらためて足を測定してみると、左右の脚の長さが違っていたので、そのことを高橋選手に確認し、日本に戻ってから左右のソールの厚みを調整したシューズを作りました。

単純に厚みの違うシューズを作るといっても、じつはとても難しいのです。高さを調整するだけでは、厚くしたほうのシューズのクッション性が高くなってしまいます。わずかな違いでも、高橋選手ほどのアスリートであればその違いをはっきりと感じ取ります。走り続けているうちに、それがだんだん大きな違和感になり、やがてはリズムを狂わせてしまいます。

高橋選手の場合には、高さを揃えることで、かえって走りにくくなってしまうことも考えられました。そこで、左右に同じ素材を使用しながらも、硬さやクッション性を変えるなどの特別な工夫を施しました。違和感なく左右の足をまっすぐに着地でき、まっすぐ蹴り出せるようなシューズを製作したのです。

マラソンが「朝メシ前」だった高橋選手

高橋選手については、数々の逸話があり、例えば毎日朝食の前に40キロ以上も走っていて、マラソンはまさに「朝メシ前」だったといった話も耳にしたことがあります。シドニーオリンピックで金メダルを獲得した後のインタビューで、「すごく楽しい42・195キロでした」と答えています。高橋選手ほどの走り込みをする選手にとっては、マラソンは本当に楽しい競技なのかもしれません。

そう感じられるのは、やはり豊富な練習量をこなせたからにほかならないと思います。それがメンタルを強くし、結果的にオリンピックなどの大舞台での活躍に結びついたのでしょう。

さて、高橋選手に左右のソールの厚みが異なるシューズを作ったという話には、じつはまだ続きがあります。シドニーオリンピックの本番直前の2000年7月、合宿地のアメリカを訪れた私に、高橋選手から「左右の高さを元に戻してほしい」というリクエストがありました。

すでに左右の高さの違うシューズを30足ほど渡してあって、高橋選手もそれを履いて練習していたと聞いていましたから、オリンピックを目前に控えたこのタイミングでのリクエストには驚きととまどいを禁じえませんでした。

シューズがアスリートのメンタルを左右する

「なぜだ、また足が痛くなるぞ」「履きにくいのか？」と聞く私に、高橋選手は「いいえ、とても走りやすく、足も痛くなりません」と答えました。「それならどうしてだ？　なぜ戻す？」と聞いても、「やはり、元に戻してほしいのです」と答えるばかりでした。小出監督も交えて3人で何時間も話し合った結果、ようやく高橋選手の真意がわかりました。

要するに「（勝ち続けてきた）これまで通り、左右が同じ高さのシューズのほうが勝てる気がする」という心理的なものだったようです。私はこのとき、「高橋尚子ほどの選手でも、やはりメンタルな部分が大きく左右するのだ」ということを痛感しました。

マラソンは簡単に勝てる競技ではないこと、また、一流のアスリートになればなるほど、その心理が繊細だと言ったことの意味がおわかりいただけると思います。しかも、その心理を左右する大きな要因の一つがこのように「シューズ」にあることも多いのです。

話し合いの結果、「元に戻す」と約束しました。ただし、私は高橋選手の足の状態を考えると、なかなか納得できませんでした。左右同じ高さのシューズでは、また足を痛め、選手生命に関わるかもしれません。「ベストに近いコンディションで走り切ってもらいたい」。そう思った私は、高橋選手に気づかれないように、私だけの責任で左右の高さを変えたシューズを作り、「左右の高さを元に戻した。同じ高さだ」として本番の直前に高橋選手に手渡しました。

もし、ソールの厚みの違いが原因で本来の力を発揮できずに、結果を残せなかったら「どう責任を取ればいいのか」。私は辞表も準備していました。もし結果が良くなければ責任を取ってシューズ作りの世界から去る決意でした。そこまで覚悟を決めて、高さの異なるシューズを渡したのです。

シドニーオリンピックの女子マラソンの結果は、みなさんもご存じのように高橋選手が見事に金メダルを獲得しました。正直なところ、スタジアムに入って来た高橋選手を見て、喜びよりもホッとしたことを覚えています。

日本女子陸上界においては史上初のマラソンでの金メダル。ゴールタイムの2時間23分14秒は、アメリカのジョーン・ベノイト選手がロサンゼルスオリンピックで打ち立てた記録を16年ぶりに更新する当時のオリンピックレコードでした。

私は、この高橋選手と野口選手という2人の金メダリストのことを思い返すたびに、シューズが果たす役割の大きさをあらためて考えさせられます。アスリートや指導者、陸上競技の関係者の中には、選手の結果は「シューズが8割だ」ということを言う人もいるくらいです。

たしかに、その選手に合った良いシューズを作り、ケガや故障をせずに練習量を増やしていければ、選手は強く、そして速くなっていきます。良いシューズを履いて、質の良いトレーニングを続けていけば、選手は勝てるようになるでしょう。そう考えると、「8割」とはいかないまでも、シューズが選手の成績に与える影響は大きいと思います。そして、選手のパフォーマンスを引き出し、高めていくようなシューズを作り続けることこそが、私の使命だとも感じます。

青山学院大学の箱根駅伝連覇を支えた「シューズ＋α」

連覇の裏にシューズあり？

オリンピックや世界陸上のメダリストの実績について振り返ると、もともと各国の代表や日本代表に選ばれるような「強い選手」がシューズを履いたから結果が出たのでないかと思う人もいるかもしれません。もちろん素質のあるアスリートたちなので、シューズの貢献度はともかくとして、メダルを獲得できるだけの力があったことは事実です。

その一方で、実力的にはそこまでではないという評価でありながら、選手たちが好成績を収めることを多少なりともサポートできたと思えることもありました。

最近では、青山学院大学陸上競技部の駅伝チームです。毎年、1月2日と3日に開催される箱根駅伝で2015年と16年に2連覇を達成したことは記憶に新しいところでしょう。

青山学院大学は、2009年にじつに33年ぶりに箱根駅伝への出場を果たし、その翌年からは5年連続でシード権を獲得していました。2014年には総合でチーム過去最高タイ記録となる5位に入り、さらなる躍進が期待されていました。私がそんな青山学院大学の駅伝チームと出会ったのは、その約1年前、2013年9月のことでした。

青山学院大学の駅伝チームが原晋監督の母校である広島県の世羅《せら》高校で合宿をしていたところに訪問しました。その後は2014年の夏に新潟県の妙高高原で合宿しているところにも赴き、以降は毎年夏に妙高高原の合宿所を訪れて選手の足を測定し、選手によっては別注シューズを作っています。

具体的に選手の足を計測する箇所は、約20カ所にもなります。足の甲の高さや形状、土踏まずのアーチの高さ、脚の長さ、腰から下の脚の角度（下腿角度）、足首の前後、左右の柔らかさ、足を後ろから見たときに踵《かかと》が内側に向いているのか外側に向いているのかなどを、一つひとつ手作業で計測していきます。

青学大の選手の足を測定してわかったこと

この足の測定は、アスリート用のシューズ製作の基本であり、同時にシューズを履くアスリートのパフォーマンスを最大限に高めるために欠かすことのできない重要なプロセスです。

選手の足を見たり、足に触れたりすることで、その選手の弱い部分やケガをしやすい箇所、走り方のクセなどを把握できるからです。足を測定すれば、さまざまなことがわかってくるのです。

足首を測定しただけでも硬い選手と柔らかい選手がいます。しかも「足首が前後に硬い」「左右に柔らかい」など選手によって、足の特徴が異なります。例えば、足首が前後に硬すぎると、着地のときの衝撃を足首がダイレクトに受け止めてしまいます。衝撃をうまく吸収して、蹴り出すときの反発力に利用するといった走り方ができず、足が突っ張るような走り方になってしまい、反発力がそがれてしまいます。

あるいは足首が左右に柔らかすぎると、着地のときに足首がブレてしまい、バランスを維持しようとして力が入り、エネルギーを無駄に消費してしまいます。

青山学院大学の選手の足を計測したところ、多くの選手の足首が適切な可動範囲よりも柔らかいことがわかりました。多くは左右に柔らかいのですが、前後に柔らかい選手もいました。これは青山学院大学の選手に限らず、最近の若いアスリートに共通しています。

どの選手も同じように足首が前後、もしくは左右に柔らかいのです。私の工房には、現在でも毎月150人ほどのアスリート、学生などがシューズ製作のためにやってきます。

そういった人たちの足を測定してきた経験からすると、約80％の人が、足首が前後もしくは左右に柔らかすぎる状態です。

その理由は一つではないでしょうが、個人的には、小さい頃から水泳や体操教室などに通う子が多く、柔軟体操やストレッチをしているからかもしれないと感じています。

足を見れば走りの弱点がわかる

足首が柔らかいことは、それ自体がマラソンなど長距離を走るのにマイナスに作用するとは限りません。足首が前後に適度に柔らかいと足が地面を蹴る力が強く伝わります。足を大きく前に蹴り出せるので、大きなストライドで走ることができるのです。

ただし、柔らかすぎると、蹴り出す力が強くなりすぎて、走るときの歩幅が大きくなりすぎるオーバーストライドになってしまいます。その状態で走り続けると、今度は着地する足で突っ張るようにしてストップをかけながら走るフォームになってしまうのです。そうなると前脛骨筋《ぜんけいこつきん》と呼ばれる脛《すね》の外側の筋肉が張ってしまいます。

その状態のままでハードな走り込みなどのトレーニングを続けてしまうと、オーバーストライドによる大きな衝撃で踵《かかと》や足首をケガしてしまう危険性や、前脛骨筋に疲労がたまって痛めることもあります。あるいは前脛骨筋の疲労をかばうことで走るフォームが崩れ、腰など別の部位を故障してしまうといったリスクも考えられます。

このように、足を測定するだけで、その選手の故障しやすい身体の部位やフォームのクセなどがわかります。それらを踏まえて、身体の弱い部分を補うようなシューズを製作することで、選手のパフォーマンスをさらに高めていくことが可能となるのです。

弱点を補うための「シューズ＋α」

青山学院大学の選手たちの足を測定したとき、もう一つ選手たちにアドバイスをしたことがあります。それは、足の測定によって明らかになった、シューズだけでは補えない身体の弱い部分を補うためのテーピングです。足首が左右に柔らかすぎる選手であれば、着地のときに足首がぶれないようなテーピングの方法を教えました。

先ほども書きましたが、青山学院大学の選手たちの多くは足首が柔らかい。足首が前後に柔らかすぎると、蹴り出す力が強くなりすぎて、走るときにオーバーストライドになってしまいます。

足を通常よりも前のほうに着いてしまうので、とくに山の下りなどは走れません。下り坂は、平地と比べるとただでさえ足を前に着いてしまうので、自分でストップをかけるような走り方になってしまいます。スピードが乗った自分の体重を、足で受け止めてストップをかけるようにして下っていく走りが続くと、ケガや故障のもとになるでしょう。

だから、足首が前後に柔らかいということがわかるだけでも、どういう走り方になりがちで、そのためにどういったケガや故障が起きやすくなるか、ということがわかります。その原因となる足の弱い部分を補ってくれるのがテーピングです。

私は実際に選手の足にテープを巻きながら、選手が練習前などに自分でもできるようにテーピングの方法を教えていきます。青山学院大学の選手にもテープを巻きながら教えていきました。

「ひとり1分速くなるから箱根駅伝で優勝できる」

青山学院大学の選手にテーピングを教えながら、「次の箱根駅伝（2015年）では何位を狙っているんだ?」と話したのを覚えています。2014年の箱根駅伝で青山学院大学が5位だったこともあり、選手たちに聞いてみると、どうも下馬評では4～5番手だったようです。

　その頃の箱根駅伝では２０１２年に東洋大学が10時間51分36秒の驚異的な記録で優勝し、２０１３年には日本体育大学が11時間13分26秒という記録で優勝。２０１４年には再び、東洋大学が10時間52分51秒という好記録で優勝をしていました。

　２０１４年の記録では、青山学院大学はトップの東洋大学と16分２秒差で５位でした。

　私は、青山学院大学の選手たちの足を測定し、テーピングを教えながら、「教えた通りにしっかりとテーピングをして、自分に合ったシューズを履いて走れば、どの選手も20キロで１分はタイムが縮まるぞ」と話しました。すると選手たちは、「三村さん、だったら10人で10分縮まるので優勝も狙えますね」と言っていました。

　もちろん、私の言葉を半信半疑で聞いていた選手もいたでしょう。その結果はどうだったか。みなさんもご存じのように、青山学大学は２０１５年の箱根駅伝で見事に総合優勝を果たしました。２０１５年には、それまでの箱根駅伝とはコースが若干、変更になったとはいえ、記録は10時間49分27秒という堂々たるものです。２０１２年に東洋大学が打ち立てた10時間51分36秒を２分以上も上回っています。

　しかも、ひとり１分の短縮で、「10区で10分以上速くなる」どころか、２０１４年の青山学院大学の記録を約20分も短縮しました。

選手のパフォーマンスを最大限に引き出すために

現在でも、毎年夏には合宿所に出向いて選手の足を測定しています。2015年に初優勝し、2016年に2連覇を達成しましたが、足を測定した感想を正直に述べると、オリンピックや世界陸上で世界のトップを狙っている選手と比べて、やはり筋力の弱さ、左右の足のバランスなどで補強すべきところが多くあると感じています。

その感じたことを、どうシューズの機能に盛り込んでいくか。そこがノウハウと言えるかもしれません。

足を測定してシューズを作るだけの作業であれば誰でもできるし、テクノロジーが発達した現代ならコンピューターや機械でもできるでしょう。データや数値からシューズを作るだけなら機械に任せておけばいいのです。

足を測定して、選手の身体の弱い部分や走り方やフォームのクセを把握し、テーピングなどのアドバイスを通じて、選手に必要な機能は何かを考えるのは、やはり人間にしかできないことです。

私は、自分自身が手がけるシューズの製作においては、常にそうした「+α」の部分、アスリートのパフォーマンスを最大限に引き出すために欠かすことのできない重要なプロセスを大切にしています。それは、テーピングであったり、弱点を補強する筋力トレーニングの方法であったりとさまざまです。

シューズを作るのと併せて、アスリートのパフォーマンスを最大限に引き出すための「+α」を考えることで、もともとトップクラスではない選手でもトップを狙え、実際にトップになれるようなサポートをすること。そこに「選手のためのシューズ」を製作することの一番の目的があるのだと思っています。

イチロー、香川、錦織、五郎丸…のシューズの秘密

トップアスリートたちがシューズに求めた「こだわり」

もともとは長距離やマラソンなど陸上競技のアスリート向けにシューズを製作することが多かったのですが、最近では野球、サッカー、テニス、ラグビーなど他のスポーツのアスリートにもシューズやインソールを作っています。

メジャーリーグで活躍しているイチロー選手には、オリックス・ブルーウェーブ時代からシューズを提供していました。イチロー選手のリクエストは、「とにかく軽いシューズを作ってほしい」というものでした。２００７年頃まで提供していましたから、２００４年に２６２本のメジャーリーグ最多安打記録を達成したときも私の作ったシューズを履いてくれていました。

また、「はじめに」でも触れたように、サッカー日本代表の香川真司選手には試合用スパイクに入れるインソール（中敷き）とトレーニング用シューズを製作してきましたし、

ラグビー日本代表の五郎丸歩選手のインソールやテニスの錦織圭選手の試合用シューズも、私のシューズ工房で提供しています。

錦織選手に最初にシューズを提供したのは、準優勝の快挙を成し遂げた2014年の全米オープン出場前です。足の故障から手術をした後でした。約1カ月という強行スケジュールの中での試合復帰ということで、「パフォーマンスを落としたくないが、故障部位を考慮してクッション性を上げてほしい」というリクエストがありました。

クッション性が高すぎるシューズは、選手の瞬発力、俊敏さ、反応性などの能力を抑えてしまうことがあります。簡単に言うと、選手のパフォーマンスとクッション性は、シューズ作りにおいては相反する機能と言えるのです。パフォーマンスはインソールの材料が硬いほうが上がりますが、その分、クッション性が下がってしまいます。錦織選手のリクエストは、相反する機能を同時に高めたいという難しいものでしたが、異素材を組み合わせることで対応しました。

リオオリンピック、そして東京オリンピックへ

リオではマラソン男女代表4人のシューズを担当

ここまで、私がシューズを作ってきたメダリストやアスリートたちのお話をしてきました。この原稿を書いている2016年は、オリンピックイヤーです。8月には南米で初めてとなるリオデジャネイロオリンピック・パラリンピックが開催されます。

もちろん、マラソンの男女代表選手のシューズを担当します。男子代表は、佐々木悟選手、北島寿典選手、石川末廣選手の3名で、女子代表は、伊藤舞選手、福士加代子選手、田中智美選手です。男女代表6名のうち、佐々木選手、石川選手、伊藤選手、田中選手の4名が、私が作るシューズを履いて出場することになっています。

日本人選手がオリンピックのマラソンでメダルを獲得したのは、男子が1992年のバルセロナオリンピックで銀メダルを獲得した森下広一選手、女子が2004年のアテネオリンピックで金メダルを獲得した野口みずき選手が最後です。それ以降はメダリストが誕

生していません。リオデジャネイロオリンピックでの活躍、そして、2020年の東京オリンピックでもマラソンで日本人選手のメダリストが誕生することを心から願っています。

私は、日本人選手を強くしたいという気持ちで、シューズ製作に取り組んできました。その気持ちは今もまったく変わっていません。アスリートのパフォーマンスを高めるシューズを作り続けることを通じて、少しでも日本の長距離界、スポーツ界の発展に貢献できればと考えています。

次章では、私がこれまでのシューズ製作を通して感じてきた、「勝てるシューズ」とはどんなシューズなのかということをお話ししたいと思います。

第1章

「勝てるシューズ」とは何か？

～「足」を見れば、すべてがわかる

なぜ日本のマラソン選手は世界で「勝てなくなった」のか

世界から後れを取り始めた日本のマラソン界

2時間6分16秒。察しのいい読者であればピンとくるかもしれませんが、男子マラソンの日本記録です。2002年にアメリカ・シカゴで開催されたシカゴマラソンで3位になったカネボウの高岡寿成選手が、それまでの日本記録を35秒も更新して樹立しました。

この日本記録を世界記録と比べてみましょう。現在の世界記録は、2014年のベルリンマラソンでケニアのデニス・キメット選手が出した2時間2分57秒。ベルリンマラソンは高速コースとして知られ、その前年にも同じくケニアのウィルソン・キプサング選手が2時間3分23秒を記録しています。キメット選手はその記録を26秒更新し、2時間2分台に突入したのです。日本記録との差は3分以上。ちなみに、世界歴代第2位は同じくケニアのエリウド・キプチョゲ選手が2016年4月にロンドンマラソンで記録した2時間3分5秒です。

現在の世界の男子マラソン界の勢力図に簡単に触れておくと、世界歴代6位までをケニア勢が占め、第7位がエチオピアのハイレ・ゲブレセラシェ選手の2時間3分59秒です。だいたい上位30位くらいまでをケニアとエチオピアの選手で独占しています。つまり、2時間5分以内で走った選手は全世界でこれまで30人ほどで、すべてケニアとエチオピアの選手ということです(2016年6月現在)。

世界各国でマラソンは人気が高まりつつあり、それにともなってマラソンランナーのプロ化も進み、以前に比べるといわゆる「賞金レース」が増えてきています。ケニアとエチオピアの選手がここまで躍進してきた背景には、彼らにもともと備わっていた身体能力の高さもさることながら、こうした賞金レースで大金を稼ぐことがモチベーションにつながっていることもあるのではないでしょうか。

男子マラソンの世界記録の推移を見ると、2000年頃までは2時間5分台で推移していました。日本記録が2時間6分16秒であることを考えると、その頃までは日本の男子選手も世界と互角に渡り合うのに十分な実力を備えていました。

時代をもう少しさかのぼって1980年代前半を見渡すと、宗猛選手、瀬古利彦選手、中山竹通選手などは2時間8分台で走りました。当時の世界記録の推移を見ると、

1981年にオーストラリアのロバート・ド・キャステラ選手が福岡国際マラソンで2時間8分18秒を記録し、84年にはシカゴマラソンでイギリスのスティーブ・ジョーンズ選手が2時間8分5秒に更新しています。この頃は、日本人選手も世界一の座をかけて、世界のトップアスリートたちとデッドヒートを繰り広げていたのです。

世界の男子マラソンが一気に高速化したのは、2003年にベルリンマラソンでケニアのポール・テルガト選手が2時間4分55秒を記録してからと言われます。その頃から、残念ながら現在の日本の男子マラソン界は、世界から少しずつ後れを取り始めていったと考えざるを得ません。

15年近くも日本記録が更新されていない男子マラソン

それというのも、日本の男子マラソン選手の記録は、高岡選手の記録以降、伸び悩みを見せているからです。2時間6分台の記録はここ15年近くも出ていません。そもそも過去に2時間6分台を記録した日本人選手は3人しかいません。1999年に犬伏孝行選手がベルリンマラソンで2時間6分57秒を記録し、2000年に藤田敦史選手が福岡国際マラソンで2時間6分51秒を出し、2002年に高岡選手が日本記録を樹立して以降、2時間

世界歴代記録と日本歴代記録のベスト10（男子）

男子マラソン 世界歴代記録

位	タイム	氏名	所属	大会	年
1	2時間2分57秒	デニス・キプルト・キメット	ケニア	ベルリン	2014年
2	2時間3分05秒	エリウド・キプチョゲ	ケニア	ロンドン	2016年
3	2時間3分13秒	エマニュエル・ムタイ	ケニア	ベルリン	2014年
4	2時間3分23秒	ウィルソン・キプサング・キプロティチ	ケニア	ベルリン	2013年
5	2時間3分38秒	パトリック・マカウ	ケニア	ベルリン	2011年
6	2時間3分51秒	スタンリー・ビウォット	ケニア	ロンドン	2016年
7	2時間3分59秒	ハイレ・ゲブレセラシェ	エチオピア	ベルリン	2008年
8	2時間4分15秒	ジョフリー・ムタイ	ケニア	ベルリン	2012年
9	2時間4分23秒	アエレ・アブシェロ	エチオピア	ドバイ	2012年
10	2時間4分24秒	テスファイェ・アベラ	エチオピア	ドバイ	2016年

男子マラソン 日本歴代記録

位	タイム	氏名	所属	大会	年
1	2時間6分16秒	高岡寿成	カネボウ	シカゴ	2002年
2	2時間6分51秒	藤田敦史	富士通	福岡国際	2000年
3	2時間6分57秒	犬伏孝行	大塚製薬	ベルリン	1999年
4	2時間7分13秒	佐藤敦之	中国電力	福岡国際	2007年
5	2時間7分35秒	児玉泰介	旭化成	北京	1986年
6	2時間7分39秒	今井正人	トヨタ自動車九州	東京	2015年
7	2時間7分40秒	谷口浩美	旭化成	北京	1988年
8	2時間7分48秒	藤原新	東京陸協	東京	2012年
9	2時間7分52秒	油谷繁	中国電力	びわ湖	2001年
		国近友昭	エスビー食品	福岡国際	2003年

※ 2016 年 6 月現在

世界歴代記録と日本歴代記録のベスト10（女子）

女子マラソン 世界歴代記録

位	タイム	氏名	所属	大会	年
1	2時間15分25秒	ポーラ・ラドクリフ	イギリス	ロンドン	2003年
2	2時間18分37秒	メアリー・ケイタニー	ケニア	ロンドン	2012年
3	2時間18分47秒	キャサリン・ヌデレバ	ケニア	シカゴ	2001年
4	2時間18分58秒	ティキ・ゲラナ	エチオピア	ロッテルダム	2012年
5	2時間19分12秒	野口みずき	日本	ベルリン	2005年
6	2時間19分19秒	イリーナ・ミキテンコ	ドイツ	ベルリン	2008年
7	2時間19分25秒	グラディス・チェロノ	ケニア	ベルリン	2015年
8	2時間19分31秒	アセレフェチュ・メルギア	エチオピア	ドバイ	2012年
9	2時間19分34秒	ルーシー・ワゴイ・カブー	ケニア	ドバイ	2012年
10	2時間19分36秒	ディーナ・カスター	アメリカ	ロンドン	2006年

女子マラソン 日本歴代記録

位	タイム	氏名	所属	大会	年
1	2時間19分12秒	野口みずき	グローバリー	ベルリン	2005年
2	2時間19分41秒	渋井陽子	三井住友海上	ベルリン	2004年
3	2時間19分46秒	高橋尚子	積水化学	ベルリン	2001年
4	2時間21分45秒	千葉真子	豊田自動織機	大阪国際	2003年
5	2時間21分51秒	坂本直子	天満屋	大阪国際	2003年
6	2時間22分12秒	山口衛里	天満屋	東京国際	1999年
7	2時間22分17秒	福士加代子	ワコール	大阪国際	2016年
8	2時間22分46秒	土佐礼子	三井住友海上	ロンドン	2002年
9	2時間22分48秒	前田彩里	ダイハツ	名古屋ウィメンズ	2015年
10	2時間22分56秒	弘山晴美	資生堂	大阪国際	2000年

※ 2016 年 6 月現在

6分台で走った選手はいません。

そればかりでなく、日本の男子マラソンの記録を見ていくと、少しショッキングなことがわかります。リオデジャネイロオリンピックの代表の座を惜しくも逃したトヨタ自動車九州の今井正人選手が２０１５年に２時間７分39秒を記録していますが、それ以外では２時間６分台、７分台の記録の多くが２０００年代初頭か、それ以前のものなのです。つまり、日本の男子マラソンは、ここ15年近く世界レベルで「勝てない」状況が続いているばかりでなく、日本国内の記録においても「伸びていない」のです。

女子マラソンでも状況は同じです。日本記録は、アテネオリンピックの女子マラソンで金メダルを獲得した野口みずき選手が２００５年のベルリンマラソンで樹立した２時間19分12秒です。

歴代3位までの記録を見ると、第2位が２００４年に渋井陽子選手がベルリンマラソンで記録した2時間19分41秒、第3位が２００１年に高橋尚子選手が同じくベルリンマラソンで出した2時間19分46秒です。

女子マラソンでも２０１５年に名古屋ウィメンズマラソンで前田彩里選手が2時間22分48秒を、16年に大阪国際女子マラソンで福士加代子選手が2時間22分17秒を出していますすが、それ以外では2時間20分を切る記録はもちろん、21分台の記録ですら、そのほとんどが2000年代初頭に集中しています。

なぜ日本人選手は勝てなくなったのか

マラソンに限らず、スポーツの分野ではトレーニングの理論や方法が新しくなり、競技で使用する道具も目覚ましい進歩を遂げています。もちろん、シューズ作りでも素材開発が進み、軽量化も図られ、その機能は進化しています。

だからといって、陸上競技で簡単に記録が更新されるとは、もちろん思いません。事実、陸上競技でオリンピック種目になっている男女合計47種目の中で、世界記録が10年以上も更新されていないものは約30種目にもなります。陸上競技は、それだけ記録更新が難しい競技と言えるのでしょう。

ところが、男子マラソンに限っては、2008年以降に世界記録がじつに4回も更新されています。ここまで頻繁に世界記録が更新されている背景には何があるのか。世界のマラソン界で男女ともにこれまで以上に高速化が進んでいることは間違いないと思います。

そのような状況だからこそ、「日本人選手に強くなってほしい」「日本人選手に勝ってほしい」という気持ちが私の中ではいっそう強くなっています。その気持ちでシューズ作りに取り組んでいます。

私は、これまでのシューズ作りの経験、一流アスリートとのやりとりを通じて、なぜ日本人選手が勝てなくなったのか、その理由を私なりに感じています。それは、「練習量」が少なくなったことです。つまり、「走り込む距離」が短くなったからではないかと考えているのです。

「駅伝偏重」だけが原因ではない

もちろん、日本のマラソン選手が世界で勝てなくなった理由については、さまざまな点が指摘されていることは私も知っています。理由が決して一つではないことも理解しています。

例えば、毎年正月の風物詩ともいえる箱根駅伝に代表される「駅伝人気」もその理由の一つとして指摘されることがあるようです。大学や実業団に所属する長距離選手が「駅伝偏重」の練習になってしまっているという声も聞こえてきます。

たしかに、箱根駅伝は、他の駅伝大会と比べても絶大な人気を誇っていますし、実業団でも自社の広告・宣伝効果を考えると、マラソンよりも駅伝に注力している傾向はあるようです。そうした影響から、将来有望な若手選手が駅伝に勝つことを長距離選手としての目標としてしまい、そこで「燃え尽きてしまう」ようなことがあるとすれば、それは問題と言えるかもしれません。

しかし、アテネオリンピックの金メダリストの野口みずき選手、シドニーオリンピックの金メダリストの高橋尚子選手をはじめ、1980年代に日本の男子マラソン界を牽引した瀬古利彦選手など、駅伝で活躍してマラソンでも世界のトップに立った選手は数多くいます。駅伝で活躍するとマラソンで勝てなくなるという理屈は成り立たないでしょう。もし、懸念すべきことがあるとすれば、駅伝は1区間が約20キロとマラソンの半分であることです。そのために「長い距離を走り込む」という練習よりも「20キロを高速で走り切る」というスピード重視の練習になってしまう可能性はあると思います。

そうした練習であっても、「マラソンで勝つためのスピード練習」と監督や選手が捉えて取り組めばいいのですが、20キロを高速で走り切る練習ばかりに偏ってしまうと、走り込みの距離が不足してしまうことは考えられるかもしれません。そうなると、やはり練習量の不足、走り込みの距離が短いことが問題になってくるのではないでしょうか。

マラソンでは「大ぶり」な足の選手は強い

私が、なぜ最近の選手は練習量や走り込みの距離が短くなったのではないかと感じているのか。その理由の一つに、選手の「足の大きさ」の変化があります。

シューズを製作するときには、必ずその選手の足を測定します。私は１９７４年から現在まで、オリンピックや世界陸上に出場した数多くの日本代表の男女マラソン選手の足を測定してきました。その中で、ここ10年くらいを振り返ると、じつはずっと気になっていたことがあります。それは、選手の足が、全体的に「小ぶり」になってきたのではないかという印象があることです。

シューズを作ってきた経験からすれば、マラソンでは足の大きな選手は強く、良い結果を残す傾向があります。そのことを強く実感したのは、１９８０年代に日本で活躍したケニア出身のダグラス・ワキウリという選手のシューズを製作したときです。

１９８０年代半ばにかけて、世界の男子マラソン界をリードしていたのは日本勢でした。宗茂選手、宗猛選手、瀬古利彦選手、中山竹通選手など、いずれもオリンピックでメダルが期待された選手たちです。なかでも瀬古選手は、１９８３年に東京国際マラソンで

2時間8分38秒の当時の世界歴代3位の記録で優勝し、翌1984年のロサンゼルスオリンピックではメダルが確実視されていました。ワキウリ選手は、そんな瀬古選手に憧れて、ケニアの高校を卒業後に来日し、瀬古選手と同じエスビー食品の陸上部に入部した選手です。

ワキウリ選手の足のサイズは、28・5〜29センチもありました。マラソンでは競技中に足が1センチ以上大きくなりますから、レース中は30センチ以上の大きな足で地面を捉えて、しっかりと蹴り出していたことになります。それだけ推進力も増して高速で走ることができます。ワキウリ選手は、その大きな足で1987年の世界陸上ローマ大会の男子マラソンで金メダルを、翌1988年のソウルオリンピックでも銀メダルを獲得しています。

マラソン選手は質の良いトレーニングを継続していると「足が大きく」なっていきます。大きくなるというより、「大ぶり」になる、しっかりした足になると言うほうが正しいかもしれません。選手にもよりますが、強くなるときには足がぐんと大きくなることがあり、時には1カ月に1〜2センチも大きくなることがあるのです。選手の足がぐんと大きくなったとき、私は「良いトレーニングができているみたいだな。足がしっかりしてきたぞ」と声をかけることがあります。するとそんな選手たちは納得いく練習ができているのか、だいたいニコッと笑って、明るい表情になります。

故障しない足が選手を強くする

足が大ぶりになっていくことで、走っているときの安定感が増します。スピードを出して走るには、この安定感がとても重要です。安定することで、体重が腰に乗り、膝に移り、足首に伝わって、力強く地面を蹴ることができるからです。

質の良いトレーニングや走り込みを継続できて、例えば、これまでは20キロしか走れなかった選手が30キロ走り込めるようになったとします。10キロの距離が延びたということは、単純に走る距離が延びたというだけではなく、その間、走り続けることによって下半身の筋肉はもちろん、腹筋も背筋も鍛えられます。なかでも脚が鍛えられることで、足が強く、しっかりとしてきます。そして、足がしっかりと大ぶりになり、それがさらに選手の記録を伸ばすという良い循環が生まれるのです。

足がしっかりとしてくると、選手は薄いソールのシューズを履くことができるようになります。一般の人の中には、「ソールが薄い」とどういったメリットがあるのか、また、「ソールの薄さとクッション性の関係」については、普段はあまり気にすることはないでしょう。

シューズの構造

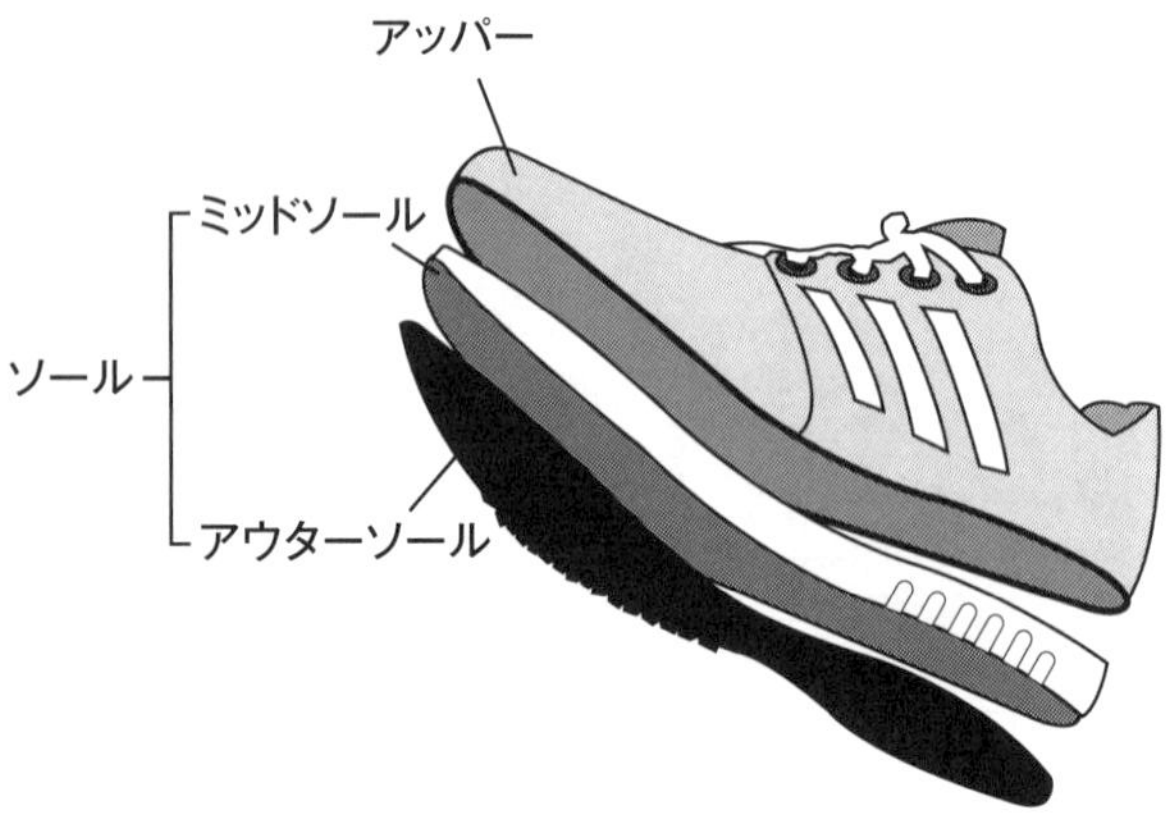

そこで、少しだけシューズの構造とソールの薄さ、クッション性について説明しておきます。

まず、シューズの構造は上に示す図のように、足を包む「アッパー」部分、直接地面に触れる「アウターソール」、そして、アウターソールとアッパーの間にある「ミッドソール」に大きく分けられます。

実際に、アスリート向けのシューズを作るときには、アウターソールやミッドソールの厚みを数ミリ単位で調整します。最近の市販のシューズはミッドソールの形状が、足の指のほうの前足部が薄く、後足部や踵《かかと》部が厚くなっているのが一般的です。これがアスリート用のマラソンシューズになると、形状がフラットに近くなり、厚みも薄くなります。

選手によって履くシューズが異なるので一概には言いきれませんが、アスリート用のマラソンシューズでは、ミッドソールとアウターソールを合わせた厚みがシューズの前足部約13ミリ、後足部では6～7ミリ厚くなり約20ミリになります。選手によっては前足部を11ミリ程度にすることもあります。一般ランナーのシューズでは、初級者用が後足部で40ミリ前後はありますから、いかに薄いかがおわかりいただけると思います。

一般の人の中には、マラソンシューズはクッション性があるほうが疲れにくく走りやすいと思っている方も多いと思います。走るとき、多くの日本人ランナーは踵から着地し、つま先で蹴り出すことを考えると、走っているときの衝撃を和らげるには踵部のクッション性を高めるのが一般的です。

その部分でクッションが利いていると、確かに走ったときの足の衝撃が弱められ、足への負担は軽減されます。ただし、クッション性がありすぎると、着地した足がブレてしまい、その分、体重を腰から膝へと移動させるタイミングがわずかに遅れてしまいます。そのわずかな遅れで体重の移動がスムーズにできない分、スピードを上げて走ることが難しくなってしまうのです。

反対に薄いソールのフラットなシューズであれば、着地で足がブレにくく、しかも、足への衝撃をうまく反発力に変えて、推進力を高めることができます。ただし、薄くフラットなだけに着地したときの衝撃も大きく、それに耐えられるだけの強い足と足首が必要になるのです。

これは一般ランナーにおいても言えることです。「シューズのクッション性が高いほうが疲れにくく初心者向け」と思われがちですが、そう単純ではないのです。クッション性が高すぎると、着地で足がブレてしまい、疲れやすく感じることもあります。クッション性とソールの関係については、正しく理解されていないようです。これについては第4章で詳しく説明します。

薄いソールを履きこなすために必要なこと

強いマラソン選手になると、ソールが薄くクッション性の少ないシューズを履くようになります。

例えば、1978年に別府大分毎日マラソンで当時の世界歴代2位の2時間9分5秒を出した宗茂選手は、スピードが出せるようにと薄いソールのマラソンシューズを履きました。宗茂選手は１９８４年のロサンゼルスオリンピックにも出場し、そのときもソールの厚みが８ミリ程度のシューズで走っています。現在の選手が13ミリ程度であることを考えると５ミリも薄かったのです。

そこまで薄いシューズを履くことができた理由は、地面からの反発をまともに受けてもケガしない、故障しないだけの「強い足」を持っていたからです。

トレーニングによって強い足を作ってきたから、薄いソールのシューズを履いて走ることができたのだと思います。今の選手であそこまでの薄いシューズを履けるような強い足を持っている選手は少なくなりました。

一流のアスリートは、質の良いトレーニングを継続していくことで、ソールの薄いシューズを履いて走っても故障しないだけの「強い足」を作り上げていくのです。

三村流「勝てるシューズ」とは何か?

シューズで弱いところを補強し、強いところを伸ばす

日本人のマラソン選手が世界で勝てなくなった理由の一つに練習量の不足があり、それは足の大きさの変化に表れているというのは、シューズ作りを通じて私が感じてきたことです。

その視点に立てば、もし私が「練習量を増やせるシューズ」を作れれば、日本人選手が以前のように世界で勝つことをサポートできるのではないか。それこそが、私がシューズ作りを通して取り組むべきことなのではないか。そんな思いを抱き続けてきました。

それでは、いったいどのくらいまで練習量を増やせれば、日本のマラソン選手は世界で再び勝てるようになるのでしょうか。私は陸上競技の指導者でもマラソンのコーチでもないので断言はできませんが、過去のトップアスリートの練習量は参考になるかもしれません。序章でも触れましたが、アテネオリンピックの女子マラソンの金メダリストだった野

口みずき選手は、走り込みの時期には1日に約40キロ以上、1カ月で1300〜1400キロ以上も走っていました。

また、オリンピックでこそメダルを獲得できませんでしたが、「マラソン15戦10勝」と7割近い勝率を誇った瀬古利彦選手は、マラソン向けのスピードアップ用トレーニングとしてだけでも、5000メートル走を1日に10本以上もこなしていました。

瀬古選手は、二度のオリンピック、福岡国際マラソンやシカゴマラソンなどの世界的な大会のマラソンを15回も経験しています。それだけの試合数をこなし、しかも7割近い勝率を誇った背景には「しっかりとした走り込みがあった」と私は確信しています。現在の日本の男子マラソン界を考えると驚異的とも言えるほどタフなアスリートでした。

なぜ練習「量」をこなせなくなったのか

野口選手も瀬古選手も、それだけの練習量をこなせた、それだけの距離を走り込めた理由には「ケガや故障をしなかったこと」、そして、練習による「疲れをためなかったこと」があります。

そのことから、私は「ケガをしない」「故障しない」「疲れない」シューズが「勝てるシューズ」の基本だと考えています。「ケガや故障をしない」から長い距離を走り込めるようになる。だから、選手が強くなる。それが勝てるシューズです。

選手が故障せずに練習できれば、それだけ長距離でとくに必要な筋力と持久力がつきます。筋力はスピードの源ですから、筋力がつけば記録も伸びると考えられます。

オリンピックや世界陸上の代表に選ばれるような一流のアスリートは、一般の人たちとは比較にならないほどの高い身体能力を備えています。そんな選手たちが、ケガや故障をせずに練習に打ち込めればよいのですが、じつはそうしたトップアスリートたちの多くが故障やケガに悩まされています。

それは、日々の練習で自分を追い込み、常に肉体の限界に挑み続けている結果とも言えるでしょう。

ただし、シューズの製作を手がける立場からすると、「優れた肉体を持つアスリートたちが、なぜ、こうもケガや故障に悩まされているのか」ということは素朴な疑問として、常に心の中にありました。

そうしたアスリートたちと接してきた私にとって、ケガや故障をせずに十分な距離を走り込めるシューズを提供することは、とても重要な使命であると思い続けてきたのです。

「足から見る」ことで初めてわかるもの

そのために私自身がすべきこととは何なのか。長年、アスリートのシューズを作り続けてきた私だからこそできることがあります。

それが、選手を「足から見る」ということです。

選手の足を測定し、そこから判断できる弱い部分をシューズで直したり、トレーニングや筋力トレーニングで補える方法をアドバイスしてあげることだと思っています。

つい先だっても、茨城県の中学生が母親と一緒に、私の工房にやって来ました。その中学生は、都道府県対抗女子駅伝に選ばれたのに、「足が痛くて走れない」とのことでした。

私はいつものように足を測定し、「左の足首が柔らかいから、左側の足がオーバーストライド気味になるでしょう。左足のほうが着地の衝撃が大きくなり、左ばかりに負担がかかっています」と説明しました。そして、「左足ばかりを使って着地してしまっているから、左が疲れています。痛みが出ていませんか」と聞いてみました。

すると、母親が「なんでわかったのですか。整形外科の診療でもなかなか痛みの原因はわからず、レントゲンで疲労骨折と診断されました」と驚いていました。整形外科の医師からは「痛みがあるならクッション性のあるシューズを履いて走るように」と指導されていたそうです。

ただし、クッション性が高いことで、かえってケガをしたり、ケガが悪化したりすることもあります。実際、その中学生も痛みが取れなかったこともあって、私の工房にやって来ました。私は、「クッション性のあるシューズを履いたら、余計に弾むようになってストライドが伸びてしまうこともあります。そうなるとさらに左足に負担がかかって痛みは引かないでしょう」と説明してあげました。その親子は納得した表情を浮かべていました。そして、疲労骨折が癒えた後、私が作ったシューズで、とくに痛みが再発することなく練習を続けられているとの連絡がありました。

勝てるシューズのたった一つの条件

この中学生の場合も、医療機関では疲労骨折という診断はできても、それを引き起こした原因まではわからないのでしょう。左足の足首が柔らかすぎたのが主な原因と考えられましたが、こういったケースでは弱点を補うシューズを製作し、さらにそこをテーピングなどで補強するなどのアドバイスをしています。もちろん、テーピングの方法も教えています。

こうしたとき、多くの選手はしばらく練習を休むことで痛みが取れるのを待ち、痛みが取れたら、また、同じように練習を再開していると思います。ただ、注意をしてほしいのは、練習を再開するときに、この中学生のように、例えばクッション性の高いシューズを履いて練習したら、余計に足首が着地でブレてしまい、さらに左足に負担がかかってしまうこともあるということです。

つまり、根本的な原因が改善されないままに再び厳しい練習をしたら、また、同じところを痛めてしまい、「疲労骨折の繰り返し」になりかねません。

じつは、ケガや故障の原因をきちんと考えずに、対症療法的に治療をして、再びトレーニングをすることで、ケガや故障を繰り返してしまうアスリートはとても多いのです。だから、選手も指導者も、ハードな練習をしすぎるとケガをする、走り込みすぎると故障すると疑心暗鬼になってしまい、練習量を世界で戦えるレベルにまで増やせないのです。

それこそが、日本のマラソン界が世界で戦えなくなった原因の一つではないかと感じています。

自分の足に合ったシューズを履いて、弱い部分をテーピングや筋力トレーニングで補えれば、練習量を増やせるはずです。その意味で、もし「三村流の勝てるシューズ」とは？と聞かれたら、答えは簡単です。ケガや故障をせずに練習量を増やせるシューズなのです。

パフォーマンス向上に一番大切な「フィーリング」

さて、シューズには「ケガや故障をしない」「疲れない」という機能の他に、実際のレースで「選手の能力を最大限に引き出す」ことも求められています。理想的には、レースのときだけでなく、レースに至るまでの練習の過程で「どれだけ選手の可能性を広げられるか」、そして、ときには選手のパフォーマンスを現状以上に引き出すことができるかどうかが求められています。

選手のパフォーマンスを向上させる要素はいくつもありますが、その中で私がシューズと最も関係性が深いと感じているのが、アスリートが感じる「フィーリング」です。私がこのフィーリングをとても大切にしていることはすでに触れました。

序章で、私は一流のアスリートになればなるほど、その心理は繊細で、シューズを履いたときの微妙な感触にこだわると書きました。フィーリングという目には見えないものを具体化して、シューズの機能として盛り込んでいくのがシューズ職人の仕事であるとも書きました。

私は、この先、どんなに優れた素材が開発され、シューズ製作の技術が進歩しても、このフィーリングを理解し、機能としてどうシューズに盛り込んでいくかを判断し、決定していくのは、シューズ製作に携わる私たちプロフェッショナルの「感性」によると思っています。技術では解決できない課題とも言えます。それが存在しているところに、シューズ作りの面白さがあるのです。

「足」を見れば、すべてがわかる

３種類の別注シューズを製作する意味

それでは、実際に別注のシューズをどうやって製作していくのか、その流れを紹介しましょう。どんな選手でもあっても、まずは足を細かく測定します。足の測定に来た選手には、採寸用の足型計測用紙の上に素足で立ってもらって、その周囲をボールペンでなぞって足型を図面に写し取っていきます。もちろん、３次元測定装置（ＣＡＤ）を使っての測定もしますが、それは足裏の型を測るときに用いています。

足を測定する箇所については序章でも触れていますが、足のサイズ、甲の高さ、アーチの高さなど20カ所に及びます。この足の測定がシューズ製作においては、とても重要です。私自身がこの目で確認し、手と指で実際に足に触れ、計測したデータでないと役に立ちません。

それらをもとに、走るときにはどこに負担がかかって、どこが弱点になっているのか、

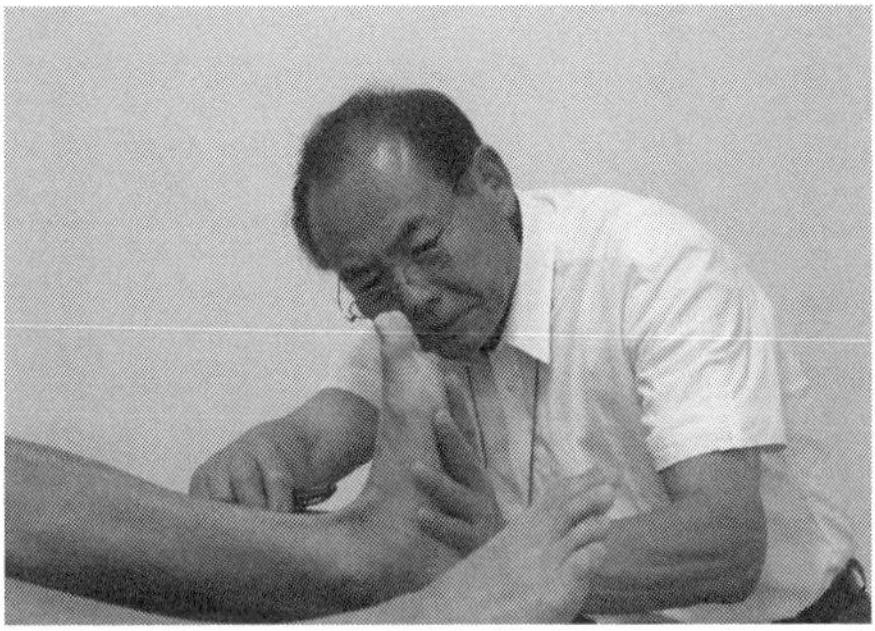

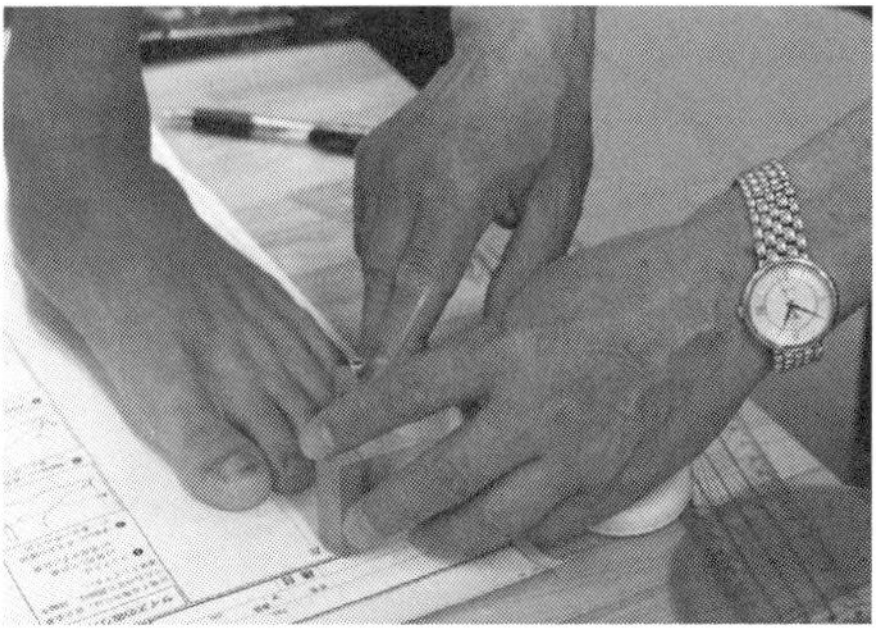

トップアスリートの足を測定する著者。足に触れながら測定することで、走りのクセや脚の弱点などがわかると言う。
（写真提供：アディダス ジャパン）

つまりは「どこが故障しやすいのか」もわかってきます。それらを踏まえて、選手には、普段の生活で履いて身体のバランスの崩れや弱点を矯正する「矯正用」シューズ、「練習用」シューズ、「試合用」シューズを製作します。

すべての選手に3種類の別注シューズを製作するかどうかは、そのときどきによって違います。ただ、一流のアスリートともなれば、多い場合には、日常生活で履く矯正用と併せて、練習用でも「ジョギング用」や「走り込み用」、さらに試合用など4、5種類の別注シューズを製作することもあります。

足の測定値だけでは「勝てるシューズ」は作れない

足を測定した後に、どんな素材にするかといったことを選手と直接ディスカッションします。そして素材を選定して設計し、裁断・縫製といった流れで製作していきます。この工程の中で私が重視しているのが、足の測定と、その後に行うアスリートとのディスカッションです。

外国人選手が、日本に来る機会がないからと足を測定した数値だけを送ってきて、それをもとに「シューズを製作してほしい」と依頼をしてくることがあります。ただ、残念ながら、それだけでは納得するシューズは製作できないのです。

例えば、足の土踏まずのアーチが高すぎたり低すぎたりする選手では、それだけ足への衝撃も大きくなり、足底腱膜炎《そくていけんまくえん》になる人も大勢います。

そういう選手には、シューズを製作する際にアーチに合わせたパッドを入れてあげるなどの工夫が必要ですが、加えて弱い部分を補う筋力トレーニングなどもアドバイスしています。そのアドバイスを取り入れて実践してもらうことで、シューズの機能がより発揮されるように作っています。

シューズ作りとは、そうしたアドバイスなども含めて、選手とコミュニケーションを取り、能力を最大限に引き出す取り組みです。そのため、数値からだけでは製作できないのです。

「足を診る目」の重要性

私が自分で測定することに、なぜ、ここまでこだわるのか。それは、足を測定すると同時に、選手の足や筋肉に触れ、その感触を確かめているからです。足を測定するというより「足を診る」といったほうが良いかもしれません。足を測定したデータと手で触れたときの感触を照らし合わせることで、選手が走る姿までが頭に浮かびます。

足を測定した数字で、どこがケガしやすいとか、どこが疲れるとか、どういったフォームで走っているかなども想像できるのです。選手の走り方の弱点やクセがわかり、そこを矯正するためのアドバイスもしています。

データからシューズを作るだけならコンピュータで数値を入力して、あとは機械に任せれば数値通りのシューズはできるでしょう。ただ、それでは、一流のアスリートが最も重視する「フィーリングをシューズに盛り込む」ことができません。

測定したデータだけでなく、足に触れたときの感触を確認し、そこから、「この選手が求めているのは微妙なクッション性なのか、それともフィット感なのか。それらを実現するには、どのような機能を盛り込めばいいのか」といったことを検討します。

また、選手が求めているものだけでなく、選手の能力を最大限に引き出すための機能についても、「クッション性を落として薄いソールにするか」「踵のホールド感を高めて安定性を重視するか」などを詳細に検討していきます。

その作業こそ、私たち別注シューズの製作に関わる人間にしかできないことです。

じつはとても重要な日常の「矯正シューズ」

さて、「試合用」「練習用」「矯正用」シューズの中で、多くの方々は、試合用こそがアスリートのパフォーマンスを最大限に引き出すさまざまなノウハウが盛り込まれた、まさに「スペシャルなシューズ」と考えがちではないでしょうか。

3種類のシューズを比べて、どれがその選手にとって最も重要なシューズとなるのかは、その選手のコンディションや実際のレースまでの期間などによって異なってきます。また、試合用は言ってみればその試合の間だけ持てばよく、耐久性などは二の次になりますが、練習用はある程度の耐久性も求められます。要するに、使用目的に応じて盛り込まれる機能が異なるのです。

ただ、私はこれら3種類のシューズの中で、「矯正用」をとても重視しています。例えば、以前に私がシューズを担当したときに、着地のときに足首が内側に入りすぎてしまう「オーバープロネーション」（付章で詳述）になってしまう選手がいました。足首が内側に入ることで、膝の内側に負担がかかり痛みが出やすくなります。その選手と話をすると、指導者からは「意識して真っすぐに足を着くように走れ」と言われているとのことでした。

ところが、実際にはそう簡単にはいかないのです。ゆっくり歩くときやジョギングのときなら、「足を真っすぐに着地しよう」と意識できても、スピードトレーニングやインターバルトレーニングなど、力を入れて必死に走っているときには足の着地にまで気が回らないでしょう。意識できないのが本当のところです。

つまり、指導者も選手もオーバープロネーションになっているという状況は理解していても、それを直すための効果的な方法を探し出せていないのです。こうした状況にある選手は、じつは驚くほど多いのです。

そんなときに、矯正用シューズが役立ちます。日常生活の中でも「足を真っすぐ着く」というのは、しっかりと意識していないとできないでしょう。そういったことはシューズで直していくのです。私が矯正用シューズを重視する意味はそこにあります。

「シューズの渡し方」で選手のメンタルは大きく変わる

選手が納得しなければ勝てるシューズにはならない

試合用シューズにおいて、私がとても重視していることがあります。

それは、選手へのシューズの渡し方です。

私は、最終的には試合用のシューズだけでも3種類か4種類を製作します。実際の路面の状態、試合当日の気温や湿度、その選手のコンディションに応じて選べるようにしているのです。

そして、最終的にどのシューズを選ぶかは、走る選手自身に決めてもらいます。

例えば、シドニーオリンピックのときには、高橋尚子選手に試合用シューズだけで4足、練習用のシューズは、ソールの厚みを少しずつ変えたものを合計で30足も作って渡しました。

私は、決して選手に強制的にシューズを履かせるようなことはしません。これまでもしたことがないし、これからもするつもりはありません。時にはかなり厳しい口調で、「このシューズがベストだ」と勧めることはあっても、最終的にどのシューズを選択するかは、選手にゆだねています。

その理由は、最終的に選手が納得しないことには、その選手にとって「最高のシューズ」「勝てるシューズ」にはならないからです。

だから、最終的には、選手がその日の調子やコンディション、気温、天候などによって選べるように、少しずつ条件を変えたシューズを3足ほど作って、本番の当日にその中から「どれかを選んで履ける」ようにしています。

スタート直前までアドバイスすることも

じつは、その中のどのシューズを選ぶかによって「強気に攻めていこうとしている」、あるいは「本調子ではないいな」など、選手のそのときのコンディションやメンタルな部分までを含めてわかってしまうことがあります。

そんなことを知ってなのか、オリンピックや世界陸上などの大きな大会では、スタート前やスタート直後に報道陣が私のところに来て、選手の調子やレース展開の予想まで聞いてくることがあります。

もちろん、余計なことはいっさい話しませんが、どのシューズを選んだかによって、選手の調子がある程度はわかるのも事実です。

そんなとき、もし時間があれば、スタート直前まで選手と話します。そして、例えばレース中に痛みが出るのでは、と心配を抱えている選手であれば、そうしたリスクを最小限に抑えながらも勝てるレース運びなどについても話し合います。

２００４年にアテネオリンピックで金メダルを獲得した野口みずき選手は、スタート直前まで私と話をしていました。どのシューズを選んだのかは知っていましたから、決して調子は悪くないとわかっていました。ただし、さすがにスタート直前でかなり緊張していました。

野口選手は大胆なストライド走法が武器でしたが、足首が柔らかい選手でしたので、アップダウンの激しいアテネのコースで下り坂をストライド走法で駆け抜けると、オーバーストライドから、後半になって足にダメージがたまってしまい、脛《すね》の外側の前脛骨筋が張ってしまうリスクがありました。

下りは力を抜き、後半にスパートを？

私は野口選手に「オーバーストライドに気をつけて、下りは力を抜いて走ったほうがいいぞ」と話しました。アテネのそのコースのことは、私もシューズを作るために何度も確認していましたから、選手と同じくらいに、あるいはそれ以上に知り尽くしていたかもしれません。

また、私がコースを見る目は、アスリートの見方とは違って、シューズを履いて走る選手がどういった走りをするかというイメージを持ちながら見ていきます。

そんな見方をしていたこともあって、アテネのコースでは16キロから17・4キロまで下りが続き、そこが野口選手のレース展開において、重要なポイントという気がしていました。

私は、その1キロ以上にわたって続く下り坂で「先頭を走って集団を引っ張るようなことはしないほうがいい。2番手か3番手で自分を抑えて走って、前に選手がいてストライドを伸ばせないくらいがちょうどいい」と話しました。

そして、そこまで体力を温存していけたら、野口選手も他の選手も最も苦しくなる「25キロ～27キロ付近でスパートをすればいいだろう。誰もスピードにはついてこられずに、一気に引き離せるはずだ」とも話しました。それらは、野口選手の足をずっと見て、シューズを製作してきた立場からの、私なりのアドバイスでもありました。

レースは午後6時のスタートでしたが、気温は全く下がっていない感じでした。まさに酷暑の中のレース。その頃、野口選手は26歳と若かったので、始まる直前には「こんな過酷なレース、ピチピチの若いお前しか勝てるはずがない」と冗談めかしていったら、ニコッと笑ってスタートラインに向かって行きました。

結果は、見事に金メダル。しかも、下り坂はペースを落とし、25キロから一気にスパートをかけての勝利でした。

シューズに命が吹き込まれるとき

私は、シューズというものは、人間の身体構造や健康に深く関わるものだと考えています。そのシューズの製作を担当する私は、常に選手がベストのパフォーマンスを発揮し、それまでに積み重ねてきたことを出し尽くせるように支える役割があると思っています。

それだけに、万が一にでも選手の能力を十分に発揮させられない、そのシューズを履いたことで故障をしてしまったというようなことは決してあってはなりません。

ところが、実際には、選手が自分に合ったシューズをうまく選べないために、本来、選手の能力を引き出すシューズが故障の原因となっているケースがあります。

この現状を知らない人が意外に多いのが、私は残念でなりません。だからこそ、シューズの製作を通じて、選手や指導者に弱いところを正しく伝えて、そこを直し、強いところを伸ばしていくという取り組みを続けてきました。

シューズは、選手に「履いてもらってなんぼのもの」とも言えます。アスリートに履いてもらい、そのシューズを履いてパフォーマンスを発揮してもらったときに初めて、シューズにも価値が生まれる、シューズに命が吹き込まれるのだと思っています。

次の章では、私がこれまで別注シューズ製作で関わってきたアスリートたちが、シューズに求め続けた、一流アスリートならではのこだわりについてお話しします。

第2章

1ミリにこだわるトップアスリートの世界

～一流と二流を分けるもの

アスリートたちはシューズの「どこに」こだわったのか

陸上のみならず野球、サッカー、テニス…多くのシューズを製作

これまでは、マラソンや箱根駅伝など長距離のアスリート向けのシューズ製作を中心に書いてきました。そこでも触れていますが、私がこれまでにシューズの製作を手がけたアスリートたちは、じつにさまざまな競技に及んでいます。この章では、そんなトップアスリートたちが、「シューズのどこにこだわったのか」「どんな要求をしてきたのか」を紹介します。

例えば、プロ野球ではイチロー選手だけでなく、福岡ソフトバンクホークスで活躍している内川聖一選手をはじめ、阪神タイガースなどで活躍した金本知憲選手（現阪神タイガース監督）やメジャーリーガー時代の新庄剛志選手などにも、スパイクやトレーニングシューズを作ってきました。内川選手の足を測定したときには、足のサイズが29センチあって、「どっしりと大きいな」と感じたことを覚えています。

スポーツ選手、アスリートは足が大きいほうが有利だと思います。それだけ安定感が生まれるし、推進力も強くなります。小さい足で地面を捉えているのと、大きな足でのそれとはやはり違います。安定感があるということは、スタミナにもつながります。身体が安定していないと、バランスを取るのに余計な力が必要で、それだけ疲れやすくなってしまいます。結果的にケガや故障などをしやすいと言えます。

サッカーでも香川真司選手をはじめ、元日本代表のゴールキーパーだった川口能活選手のシューズなどを手がけました。川口選手のリクエストは「左右に動きやすい」ゴールキーパー専用シューズでした。

その他にも、2004年のアテネオリンピックの女子レスリングで銅メダルを獲得した浜口京子選手、1998年の長野オリンピックのスキージャンプ・ラージヒルで金メダルを獲得した船木和喜選手、同じく長野オリンピックのスピードスケート女子500メートルで銅メダルを獲得した岡崎朋美選手らのトレーニングシューズを作りました。

こうした、まさに「超一流」のアスリートたちとシューズ製作を通じて対話をし、アスリートたちの本音の一端、シューズに対する思いを知り得たことは、私にとってかけがえのない財産になっています。同時に、こうしたアスリートたちからの、時にシビアで妥協を許さない要求によって、シューズ作りのレベルがアップしていったことも事実です。

イチロー選手のスパイクへのこだわり

イチロー選手のこだわりが、「とにかく軽いスパイクを」というものだったことは、序章でも書きました。イチロー選手が足を測定しに来たときに、本人の口から「ジョギングシューズのようなスパイクを作ってください」というリクエストを聞きました。

イチロー選手のスパイクの重さについて触れておきますと、オリックス時代の1995年〜1997年にかけては足首の下までのローカットのスパイクで片足295グラムでした。それが、1999年に一時、クォーターカットになったときが片足425グラムまで増え、2001年にシアトル・マリナーズでメジャーリーガーとなった最初の年は片足380グラムでした。

その後、320グラム、280グラム、260グラム、250グラムとどんどん軽くしていきました。

スパイクの金具をチタン製にして、ネジ止めでなく「埋めピン」というソールのプラスチックと一体化させて製作するなど、軽量化のためのさまざまな工夫が施されています。

とことんまで軽くしたいとアッパーの厚みも見直しました。当初は厚みが1・4ミリくらいだったのを、少しずつ薄くしていき、最終的には0・3ミリ薄くして1・1ミリ程度にまでして軽量化を追求しました。

3試合に1足のペースでスパイクを履きつぶした？

イチロー選手はストイックなアスリートとして知られていますから、メジャーリーグで活躍できるように肉体のコンディションを整え、バットやグラブなどの道具を整え、そして、スパイクも納得いくまで軽さを追求したのだと思います。

アッパーの素材の厚みを0・3ミリ薄くすることで、スパイクが数グラムでも軽くなれば、塁間を駆け抜けるタイムをコンマ何秒か短縮できるかもしれません。安打が1本でも多く生まれるかもしれないのです。そのためにできることはすべて行うという姿勢です。そのこだわりこそが一流アスリートの証しでもあるのでしょう。

ただし、イチロー選手のスパイクは、軽くするためにさまざまな工夫をしただけに、「耐久性」を高められないことが問題でもありました。アッパー素材が薄くなるということは、それだけ弱くなるということです。そのため、私が製作をしていた頃には、3試合か4試合しか持たなかったと思います。

通常の野球選手であれば、1シーズンに3〜4足でいいのですが、イチロー選手は違いました。あるシーズンなど「スパイクを70足、トレーニングシューズも70足、作ってください」という注文がきました。

メジャーリーグは年間約160試合です。3試合に1足のペースで履きつぶし、オープン戦や予備として確保しておく分を合わせて70足となったのではないでしょうか。とてもそれだけの数量のスパイクやシューズを私のところで一度に作ることはできないので、足型を3つほど用意して渡し、別の工場に頼んで製作してもらうようにお願いしました。

サッカー日本代表の香川真司選手の脚の秘密

現在はドイツのブンデスリーガでプレーするサッカー日本代表のフォワード・香川真司選手の場合は、試合用のスパイクの中に敷くインソールとトレーニング用のシューズを製作しました。香川選手にシューズを製作するときに、脚の長さを測定したら左右の長さが異なっていることがわかりました。左が右よりも1センチほど長かったのです。

左右の脚の長さが異なることは、アスリートとして決してプラスではありません。マラソンなど長距離の選手にとっては、明らかにマイナス要因です。サッカーもマラソンほどではないにしろ、前後半で90分以上もピッチを走り続けるスポーツです。

香川選手には、「左右の脚の長さが違うこともあって、試合の後半に疲れが出やすい。後半になると足がむくむと考えられる。今よりもワンサイズ大きいサッカーシューズを履いたほうが良い」とアドバイスしました。

微妙なボールタッチを感じられるシューズにするために

香川選手は、当時、26センチのサッカーシューズを履いていました。それに対して足を測定した結果をもとに、「最低でも26・5センチのシューズを履かないと故障の原因になりかねない」と具体的に伝えたのです。

香川選手に限らず、サッカー選手は小さいサッカーシューズを履きたがる傾向にあります。その理由は「フィット感」です。サッカーシューズでボールにタッチしたときの微妙な感触こそが正確なキックを可能としているのだと思います。

香川選手が、自分のサッカーシューズに求めていたのも、そんなフィット感だったのでしょう。それを実現するために、小さめのサッカーシューズを履いていたのです。

ただし、それでは、たとえ選手は意識をしていなくても、後半になれば足がむくみ、常に足の指を曲げたような状態でシューズを履いてプレーをすることになります。みなさんも、自分の足の指を曲げた状態で動くことを想像してください。安定しないでしょう。

サッカーの試合で後半に「足がつる」選手がいます。もちろんいろいろな理由がありますが、小さめのサッカーシューズを履いているために足に余計な負担がかかっている、そんなことの「積み重ね」があると思います。シューズが原因の一つになっていることは間違いないでしょう。

また、サッカーシューズが小さいと、地面にしっかりと足を着地させて、地面を捉えて動くことができなくなり、動きも鈍くなります。ちなみに、サッカー選手であれば、試合ではつま先に3～5ミリ程度の余裕があるサッカーシューズを履くことをすすめています。

香川選手にはそんな話をして、ワンサイズ大きなサッカーシューズを履くようにと話したところ、素直に「わかりました。そうします」と言ってくれました。

ただし、香川選手の足のサイズは、じつに微妙な大きさでした。ワンサイズ大きいサッカーシューズでは、少し余裕ができすぎてしまうのです。そこで、インソールでちょうどよいフィット感となるように調整したのです。数ミリ単位で調整しながら、香川選手が納得するフィット感を確かめながら製作しました。

インソール（中敷き）でパフォーマンスは変わってくる

読者の中には、「シューズのインソールを調整するだけで、アスリートのパフォーマンスにどこまで影響するのか」と思う方もいらっしゃるかもしれません。

じつは、これが想像以上にアスリートのパフォーマンスに影響するのです。インソールでフィット感を調整することは、トップアスリート用のシューズ作りにおいて、とても重要です。

ラグビー日本代表の五郎丸歩選手は、２０１５年のラグビーワールドカップに出場する際に、イングランドのグラウンドの質が、日本のグラウンドとは違ってかなり硬く、地面からの突き上げや足への負担が大きいことを懸念していました。そこで、「それをカバーするためのインソールを至急、作って送ってほしい」とオファーがあり、私の息子が製作し、対応しました。

また、2010年に南アフリカで開催されたサッカーワールドカップに出場した北朝鮮代表の安英学《アン・ヨンハ》選手（Jリーグ2部の横浜FC所属）にもインソールを提供しました。

北朝鮮代表チームは、残念ながらグループリーグで敗退してしまいましたが、安選手は所属チームに戻るために日本に帰ってきて、そのときに成田空港から電話をくれました。

ワールドカップでは、各チームの選手が試合で走った距離が計測されていて、だいたい1試合で10キロ程度走るのが平均らしいのですが、安選手は「15キロも走れた」というのです。

安選手が、わざわざ電話をくれたのは、そのことを私に伝えるためでした。「インソールのおかげで、疲れを感じませんでした」という言葉を聞いて、少しでもアスリートの活躍を支えることができたと嬉しく思ったものでした。

アスリートの明暗を分ける「感覚」

シューズへのこだわりが強いマラソン選手

一流のアスリートになればなるほど、シューズに対してさまざまなこだわりを持ちます。イチロー選手の軽さも、香川選手のフィット感も、そうしたトップアスリートならではのこだわりと言えます。そして、マラソンなど陸上競技のアスリートは、その「こだわり」がとくに強いのです。

これまでさまざまな競技のアスリートたちのシューズを手がけてきた経験から、野球選手はスパイクなどシューズに対する意識が他のスポーツ選手に比べてそれほど高くないと感じています。

最近でこそ、「故障の原因がスパイクやトレーニングシューズにあるケースも多い」ということが理解され始めてきているようですが、どうしてもバットやグラブを第一に考えてしまうのだと思います。

一方、マラソン選手にとって唯一の道具とも言えるのが足に履くシューズです。そのため、他のどんなスポーツよりも「ケガや故障をしないシューズ」、長い距離を走っても「疲れにくいシューズ」に対して真剣に考えています。

そんなマラソン選手が、世界のトップを狙ったときに、シューズの何に、どうこだわったのか。そのことを象徴するような、忘れられない出来事があります。

「足裏の感覚」へのこだわり

バルセロナオリンピックの1年前の1991年、東京で世界陸上が開催されました。その大会は、日本の男子マラソン界にとっては忘れられない大会です。谷口浩美選手が日本の男子マラソンでは初となる金メダルを獲得したのです。その谷口選手が何にこだわったのか。それは、インソールでした。

マラソンシューズのインソールは、一般的には素材に綿パイルを使用しています。谷口選手は世界陸上の前に、その素材に「麻を使ってほしい」と提案をしてきたのです。

アスリートが、シューズの形状や軽さだけでなく、通気性などの機能を考えて素材にもこだわることは珍しいことではありません。麻は加工が難しい素材ですが、水分が早く乾くし、肌ざわりも良い素材です。早速、新しい素材としてチャレンジしてみることにしました。

谷口選手が、そうした素材を指定してきたのは、シューズを履いたときのインソールのフィット感、言うなれば走っているときの「足裏の感覚」にこだわったからです。

その理由は、谷口選手が素足でシューズを履いていたからでした。

素足でシューズを履くようになったきっかけは、1989年の北海道マラソンだったと言います。谷口選手は優勝しましたが、記録は2時間13分16秒でした。

そのレースを振り返って、谷口選手から「(ソックスを履いていると)素足とソックスとシューズの3重構造で走っているような感覚で走りにくい」と相談を受けました。それが気になってしまって、うまくペースをつかんで走ることができなかったというのです。

わずか数ミリの違和感がメダルを遠ざける

「3重構造」といっても、ソックスの厚みはわずか数ミリにすぎません。多くのマラソン選手が素足でなくソックスを履いてシューズを履いているのは、レース中の汗をシューズが直接吸ってしまうと、足がシューズの中で滑りやすくなってしまうからです。つまり、素足のほうが「走りにくい」と感じる選手が多かったのです。

このことは、一般のランナーでも同じでしょう。素足でシューズを履いている人も見かけますが、多くの人たちはソックスを履いています。また、素足でシューズを履くと、ただでさえ汗で軟らかくなってしまった足の皮膚が、シューズの内側の素材と直接に擦れることになります。足に「マメができやすい」ともされています。

しかし、谷口選手は、そんなソックスを履かないことによるデメリットよりも、ソックスを履くことで生まれる「3重構造」の感触をいやがり、素足でシューズを履くことにこだわり続けました。

そのこだわりこそが、谷口選手のアスリートならではの独特の感覚なのだと思います。谷口選手のそのこだわりに対して、シューズの製作者としてどう応えるか。谷口選手からの提案もあって、素材に麻を使用したインソールを開発し、シューズ作りを進めていきました。素材に麻を採用した狙いは当たり、谷口選手も「麻の感触がとても良く、シューズの履き心地が大いに気に入りました」と答えてくれたほどです。

谷口選手は見事に金メダルを獲得しました。私は素材に麻を使用したことや、それを採用したシューズだけが金メダル獲得の最大の原動力だったと言うつもりはありません。

それよりも、アスリートと対話をし、素材やシューズの開発の方向性を検討し、それによって最終的にはアスリートも私も納得できるシューズを作ることができたこと。そして、そのシューズがアスリートのパフォーマンスを引き出すことに、少しでも役に立てたことに、シューズ職人としての喜びを感じました。

谷口選手は、世界陸上の翌年、１９９２年のバルセロナオリンピックにも出場しました。ただ、本番では途中の給水所で後続の選手に足を踏まれて転倒してしまいました。それでも、脱げたシューズを拾いに戻って、履き直し、そこから挽回して8位に入賞しました。レース後のインタビューで「こけちゃいました」と明るく答えたことで一躍、有名になりました。実際にとても明るい性格の選手でした。

ちなみに、世界陸上で金メダルを獲得したときには、「三村さんのおかげです」とインタビューに答えてくれたことは序章でも書きましたが、バルセロナオリンピックでは、レース後にスタジアムで谷口選手と会ったら、「三村さん、脱げないシューズを作ってください」と冗談めかして言われました。

バルセロナ五輪時、有森裕子選手が発した信じられない言葉

1992年のバルセロナオリンピックには、男子マラソンで谷口選手をはじめ、中山竹通選手、森下広一選手が、女子マラソンでは有森裕子選手、山下佐知子選手、小鴨由水選手が出場しました。

バルセロナオリンピックは、私にとって決して忘れることのできない大会です。男女6人のマラソン代表選手が全員、私のシューズを履いて参加した大会であったこと、しかも、その中から森下選手が銀メダルを、有森選手も同じく銀メダルを獲得したからです。

私のシューズを履いた日本人選手が、オリンピックで初めてメダルを獲得した大会でもあったのです。

そして、そのメダル獲得の裏側には、もちろん一流アスリートならではのシューズへのこだわりがありました。

バルセロナオリンピックのマラソンコースは、それまでにない難コースと言えました。古い街並みの石畳の上を走り抜け、しかもゴールとなるスタジアムの直前には心臓破りの丘として知られた「モンジュイックの丘」があります。この丘はスペイン観光の人気スポットになっているので、訪れたことがある人もいるかもしれません。

観光名所となるほどの美しい街並みとは裏腹に、マラソンコースとしては厳しい条件が数多くあり、加えて「暑さ対策」が重要でした。しかし、最大の難敵となって立ちはだかったのはコースでも暑さでもなく、選手自身のコンディションでした。

現地で、有森選手から「足が痛くて走れない」という言葉を聞かされたのです。オリンピックを目指して毎日のように繰り返してきたハードなトレーニングがたたったのか、走ると足の甲に痛みを感じるというのです。

小出義雄監督とともにバルセロナのホテルの私の部屋を訪ねてきた有森選手は、消え入りそうな声でつぶやいたのです。

レースのわずか4日前のことでした。

レースの直前にシューズに施した「応急処置」

有森選手は、独特のピッチ走法（小さな歩幅で、足の回転を速くする走り方）で走る選手です。足首や股関節が硬いこともあってストライドを伸ばすことができず、踵から着地して、一見すると足を引きずるようにリズムを刻んで走るのが有森選手ならでははピッチ走法でした。そんな彼女のフォームを考えて、シューズではソールを薄くしてありました。

通常のマラソン選手のシューズは、ソールの前足部の厚みが13ミリ程度です。ところが、有森選手の別注シューズでは、その部分のソールを11ミリにしていました。たった2ミリの差ではありますが、一流のアスリートであれば、シューズに足を入れた瞬間にその違いを明確に感じ取ります。

有森選手の場合、通常のマラソンシューズと同じ厚みにしてしまうと、クッションが利きすぎてしまうのです。ポンポンと跳ねるような走り方になってしまい、リズムを崩してしまいます。それではスピードを上げて走ることができません。

そこで、ソールを2ミリ薄くしてあったのですが、たった2ミリとはいえ42・195キロの道のりを2時間以上かけて走り続けるマラソンです。足への衝撃は通常のマラソンシューズとは比較できないほど大きくなります。

その衝撃に耐える強靭な足腰があったからこそ、有森選手は世界のトップを狙えるアスリートになったのですが、その有森選手が今、目の前で「足が痛い」と言っているのです。「ジョギングシューズのようなクッションがないと痛くて走れません」という有森選手の表情を見て、よほど追い詰められているな、と感じました。

確かにソールを厚くすればクッション性は高まるかもしれません。しかし、メダルは絶望的です。かといって、11ミリのソールの別注シューズのままでは走ることすらできない。もう本番まで時間がありません。あれこれ考えていても始まらない、とにかくできる限りのことをやろうと、急遽、シューズに応急処置をすることにしました。

まず、有森選手の走るフォームを考えると、ソールの厚みを変えることは得策ではありません。有森選手の場合、ソールの厚みが変わるだけでもリズムが崩れてしまうからです。

そこで、ソールの素材をラバーから少しでもクッション性の高いスポンジ素材に変えることにしました。他にも、少しでも衝撃を吸収しようと中敷きをはがして、間には3ミリのスポンジを敷き、ヒールの部分にも衝撃吸収材を入れました。たった3ミリのスポンジを敷くだけでも、そのときの有森選手の足への負担はかなり軽減されるはずでした。

ここまでの応急処置を数時間で行い、本番前の調整をするという有森選手に履いてもらいました。すると、「痛みを感じない」とのことでした。ただ、本心では、レース本番ではこの応急処置の効果がどこまで持つかは不安でした。「途中棄権もありうる」と覚悟していたのです。

「三村さんのシューズのおかげで走ることができました」

バルセロナオリンピックの女子マラソンでの有森選手の結果は、ご存じの方も多いでしょう。見事に銀メダルを獲得しました。日本の女子陸上競技界では、１９２８年のアムステルダムオリンピックの女子８００メートルで人見絹枝選手が銀メダルを獲得して以来、じつに64年ぶりのメダルリストの誕生でした。

レースの当日。バルセロナオリンピックのマラソンコースは往復コースではなかったので、スタート時点で見送った私は、ゴールとなるスタジアムに向かっていました。そのため、スタジアムに着いたときにも、女子マラソンの途中経過をまったく知らなかったのです。ただ、あれだけの痛みを抱えての出場です。「なんとか痛みをごまかして走ってもハーフが限界だろう」「もうとっくに棄権しているかもしれない。それもやむなしだ」と思っていました。

ところが、ちょうど25キロを過ぎたあたりだったか、スタジアムのオーロラビジョンに女子マラソンの途中経過が映し出されたのです。

それを見て私は目を疑いました。トップを走るロシアのワレンティナ・エゴロワ選手と有森選手がデッドヒートを繰り広げていたのです。「いや、まさか……」。映像はちょうど、あの心臓破りのモンジュイックの丘に差しかかるところでした。走れないほどの痛みを抱えての激走でした。有森選手の表情が痛みで歪んでいるようにも見えました。「なんで、ここまで頑張れるのだろう……」。見ていて涙があふれてきました。

私は1976年のモントリオールオリンピックからすべてのオリンピックに帯同していたし、世界陸上のときにもスタジアムに行き、自分の目で数々のアスリートたちの走る姿と、その結果を見続けてきました。その私が、レースを見ながら泣いたのは、後にも先にも、バルセロナオリンピックでの有森選手の激走の姿を見たときだけです。

後になって知ったことですが、有森選手はレースが終わってすぐに私に電話をくれたそうです。何度目かの電話でようやく話ができたとき、「三村さんのシューズのおかげで走ることができました」と言ってくれました。とても感動したことを覚えています。

後日談ですが、あるインタビュー記事で、有森選手が「レース後にシューズの裏を確認したら、どこか1カ所がすり減っていたというようなことがありませんでした。走っている間の体重の移動がとてもスムースにできたのだと思います。やはり、あのシューズでなければ勝てなかった」というようなことを語ってくれていました。あらためて、私の胸に熱く迫ってくるものがありました。

バルセロナ銀メダリスト・森下広一選手のシューズの工夫

バルセロナオリンピックでは、男子マラソンでも森下広一選手が銀メダルを獲得しました。男子マラソンでは、１９６８年に開催されたメキシコシティオリンピックの君原健二選手以来24年ぶりのメダル獲得でした。

そんな森下選手の銀メダル獲得の裏側にもシューズを巡るドラマがありました。

私が初めて森下選手の足を測定したとき、足のサイズに比べて小さめのシューズを履いていることがわかりました。そこで、ワンサイズ大きいシューズを履くようにすすめましたが、森下選手はかたくなにそれを拒みました。

森下選手に限らず、マラソン選手の中にはきつめのシューズを履きたがる選手が意外に多いものです。私がオニツカに入社してシューズの製作に携わるようになった頃、当時の名ランナーである寺沢徹選手もきつめのシューズを履きたがる選手でした。

きつめのシューズのほうが、シューズの中で足が動かずに、走るときの力が地面にしっかり伝わると感じられるだけでなく、地面からの反発や地面を蹴る感覚がよりダイレクトに足に伝わってきます。その感覚を好むアスリートは多かったのですが、明らかに足への負担は大きくなります。

森下選手は、きつめのシューズにこだわりました。森下選手は飛び跳ねるような感じのフォームで走る選手でしたから、それだけでも足への衝撃が大きく、とくにアキレス腱への負担に悩まされていました。

森下選手から出されたリクエストは「アキレス腱が痛くならないシューズ」でした。そこで、シューズでは踵の部分を通常のマラソンシューズよりも数ミリ低くカットしました。走っているときに踵の部分がアキレス腱に当たらないように工夫をすることで、痛みが起きないようにしたのです。ただし、サイズは森下選手の希望通りジャストフィットのサイズのままでした。

結果的に、森下選手は銀メダルを獲得しましたが、きつめのシューズを履き続けた代償として、やはりアキレス腱を痛めてしまい、オリンピック後は一度もマラソンを走ることなく、早すぎる引退を余儀なくされてしまいました。

シューズの進化がパフォーマンスをここまで変えた

エネルギー消費が20％も抑えられるようになった秘密

ここまでは、一流のアスリートがシューズに対し、どのようなこだわりを持っていたのかを紹介しました。軽さであったり、ソールの厚みであったりと、アスリートによってそのこだわりはさまざまです。

一方で、別注シューズの製作者としては、そうしたアスリートのこだわりとは別に、シューズの軽量化や通気性の向上などに取り組み、常にベストなシューズの開発に取り組んでいます。ここでは、そんな取り組みを紹介しながら、軽量化や通気性の向上がアスリートのパフォーマンスにどう影響するかを紹介していきます。

マラソンシューズの軽量化が本格的に進められたのは、１９８４年のロサンゼルスオリンピックの頃でした。当時の日本の男子マラソン界を代表する選手は、宗茂選手、宗猛選手、瀬古利彦選手などです。この頃にナイロン素材がシューズに採用されるようになり、一気に数十％の軽量化が進められました。それまでの綿素材のシューズと比べると、50グラム程度は軽くできるようになりました。

マラソンでは、シューズが10グラム軽くなると、エネルギー消費が約２６５キロカロリー少なくなるとされています。これがどれだけのものなのか。例えば、ロサンゼルスオリンピックに出場した瀬古選手のシューズは、綿素材ながらも徹底的な軽量化を図り、片足が約２１０グラムでした。一般的な綿素材のマラソンシューズが約３００グラムでしたから、それでもだいぶ軽くなっていたのです。

それが、ナイロン素材の登場でさらに50グラム軽量化されたとしたら、５×２６５キロカロリー＝１３２５キロカロリーもエネルギーの消費が少なくなる計算です。フルマラソンを走り終えたときには、一般的に６０００～７５００キロカロリーを消費するとされていますから、１３２５キロカロリーも節約できるということは、約20％もスタミナのロスを抑えられる計算になります。

実際、ロサンゼルスオリンピックに出場した宗茂選手、宗猛選手のシューズはナイロン素材で片足約１６０グラムでしたから、そのシューズを履くだけで、瀬古選手よりも約20％もスタミナを温存できる計算になります。一般的な綿素材のシューズと比べると、

140グラムも軽いのですから、単純計算で3700キロカロリー、フルマラソンで消費するエネルギーの半分近くを「省エネ」できることになります。

あくまでも計算上の話ではありますが、シューズの重量はアスリートのパフォーマンスに大きく影響することがおわかりいただけると思います。軽いシューズを履くだけで、これだけの効果が得られることを考えると、アスリートたちがシューズの軽さにこだわるのもわかります。

「機能」を優先するか、「感覚」を優先するか

このロサンゼルスオリンピックの男子マラソンでは、シューズの軽さを巡ってのドラマがありました。宗茂選手、宗猛選手、瀬古選手の3人は、ともに大きな武器となり得る「シューズの軽量化」を実現できるナイロン製のシューズを履くことに決めていました。

ところが、本番直前になって、瀬古選手が「ナイロン素材のシューズは軽くて走りやすい。しかし、やはり今まで負けたことがない綿素材のシューズで走りたい」と言ってきたのです。

瀬古選手は、ロサンゼルスオリンピックの直前に体調を崩し、それが原因で自信を失い

かけていたのかもしれません。「今まで勝ち続けてきた綿素材のシューズ」でゲンを担ぎたい気持ちがあったのだと思います。

いくら私が「ナイロンのシューズは50グラムも軽いから、それを履くだけでもスタミナを温存できる。重い綿素材のシューズでは、スタートのときから損していることになるんだぞ」と説明しても首を縦に振りませんでした。

そこで、急遽、それまで使用していた綿素材のシューズを作成することにしました。ロサンゼルスオリンピックは酷暑の中でのレースです。シューズ内の温度が高くなるのを防ぐため、シューズの通気性を確保することも重要でした。綿素材のシューズのソールに錐《きり》を使って、小さな穴を210個もあけるなどの工夫をしました。

ロサンゼルスオリンピックの男子マラソンの結果は、ナイロン製のシューズを履いた宗猛選手が4位に食い込み、瀬古選手は14位、宗茂選手が17位でした。

私は、このロサンゼルスオリンピックの男子マラソンの結果を振り返るたびに、アスリートの微妙な心理、メンタルな部分の重要性を再認識しています。軽いとわかっていても、スタミナを温存できて有利だとわかっていても、どうしても綿素材のシューズを履くことを譲らなかった瀬古選手。それが、アスリートの心理なのかもしれません。

軽ければいいわけではない。「最適な軽さ」とは?

さて、マラソンシューズの軽量化が一気に加速したのは、1988年のソウルオリンピックの頃でした。当時の男子マラソンの日本代表選手は、瀬古選手、中山竹通選手のほか、新宅永灯至選手でした。綿素材からナイロン素材への移行と併せて、ソールの素材開発も進み、当時は「100グラムシューズ」と呼ばれた、本当に軽さが片足100グラム程度のマラソンシューズが誕生したほどです。

ただし、100グラムシューズは、軽くするためにアッパーの素材をギリギリまで薄くするなどの工夫をしています。それだけに耐久性に問題がありました。「100グラムシューズは100キロメートル(しか持たない)シューズ」などと言われたものです。

しかも、ここまで軽いと、アスリートたちから必ずしも好評だったわけではありません。「軽すぎてリズムに乗れない」「空回りするようで、かえって走りにくい」といった声も聞かれました。

こうしたアスリートたちの感触がシューズ作りでは大切です。軽いだけのシューズを作りたいのであれば、素材を改良して機械で製作すればできるでしょう。ただし、それではアスリートの能力を引き出すシューズには決してなりません。

シューズの軽量化においては、むしろ必要以上には軽くせずに、アスリートの走り方に合わせて、その能力を発揮させる機能を盛り込んでいくことが大切です。

そうして製作されたのが、ソウルオリンピック用のシューズでした。そのシューズを履くアスリートの中でも中山選手は当時「世界最速」の呼び声も高く、日本人離れしたスピードが武器のランナーでした。

中山選手の走り方は、踵からの着地するのではなく、小趾球《こしきゅう》という小指の付け根あたりから着地して、踵をあまり地面に着けずに、そのままキックするようなフォームでした。こうした走り方は、腰が高く、足首が強いランナーに多く、当時はスピードのある外国人選手に多く見られるものでした。

中山選手用に製作したシューズは、そんな走法を考慮しつつ、「最適な軽さ」を目指したものでした。シューズにおいて、重量の割合が高くなるのはやはりソールの部分です。そこで、ソールの素材開発を進め、製法に工夫を凝らして、試行錯誤を繰り返しました。

その結果、従来のマラソンシューズと比べて、さらに10～30グラムもの軽量化に成功。中山選手用として片足約150グラムに調整したシューズを製作しました。ロサンゼルスオリンピックの頃の一般的な綿素材のシューズと比べると約半分の重量でした。

シューズの通気性の向上でマメも減る

また、素材の通気性を高め、シューズ内の温度を下げる技術も、年々進歩しています。通気性が悪いとシューズ内の温度が上昇し、それがマメの原因になりやすいからです。

例えば、ロサンゼルスオリンピックのときの別注シューズ内の温度は約42度だったとされています。それが、ソウルオリンピックのときには、「ダブルラッセル」と呼ばれる新しいナイロン素材が開発されて、通気性が大幅に改善されました。その結果、シューズ内の温度も約40度にまで下がりました。

わずか2度しか下がっていないのか、と思われるかもしれませんが、私はよく風呂の温度で例えます。「40度のお湯につかるのと、42度のお湯につかるのでは体感する熱さが全く違うだろう」ということです。42度のお湯につかっていた後に、40度のお湯に入ると「ぬるく感じる」と言ったほうがわかりやすいかもしれません。

しかも、この2度のシューズ内の温度の違いは、足のマメのできやすさを左右すると考えられ、そうなるとアスリートのパフォーマンスにも大きく影響します。

その後のアトランタオリンピックの頃には38度にまで下がるなど、通気性を高めてシューズ内の温度を下げる開発は、その後も継続して進められています。

オリンピック史上最難関コースに挑んだシューズ

このように、別注シューズには、本当にさまざまな機能が求められることがおわかりいただけると思います。世界陸上で金メダルを獲得した谷口選手がシューズに求めた機能は、「3重構造」という微妙な違和感を解消する「インソールのフィット感」でした。

バルセロナオリンピックで有森選手が求めたのは、ソールの厚みを変えずにクッション性を高め、「足の痛みを感じないで走れる」という機能でした。

そんなアスリートたちの「こだわり」に、私はシューズ作りを通じて、応えようと取り組んできました。

その視点に立つと、野口みずき選手が金メダルを獲得した２００４年のアテネオリンピックは、日本代表の女子マラソン選手がそれぞれシューズにこだわった大会として、私の記憶に残っています。

アテネのマラソンコースは、それまでに私が見てきたオリンピックのマラソンコースの中でも最も難しいコースでした。バルセロナオリンピックのマラソンコースも難コースでしたが、アテネの現地でコースを下見したときに、「それ以上だな」と思ったことを覚えています。

大理石を混ぜた石畳のコースは滑りやすく、アップダウンがきついコースでした。しかも、暑さ対策で路面にシャワーが設置され、水が撒かれてさらに滑りやくなります。また、暑さのために選手たちも給水所で水分を補給するだけでなく、水をかぶることが予想されました。

こうした難コースにどうやって挑むか。何をおいても考えるべきは、滑りやすさへの対策でした。ソールでグリップを確保できないと推進力が生まれません。ただし、路面は日本と比べると硬く、クッション性を確保しておかないと足が痛くなる可能性も考えられました。

グリップとクッション性を確保したシューズを念頭に製作に取りかかりましたが、実際にはクッション性、反発力、摩耗性、硬さなどさまざまな要素を検討する中、どれか一つを高めようと工夫をすると、他の機能が損なわれるという状態でした。

この「こだわり」が明暗を分けた？

試行錯誤を繰り返す中で、アウターソールの素材にはクッション性を確保できるようにスポンジを採用し、それにもみ殻を混ぜることでグリップを確保するようにしました。もみ殻を混ぜたのは、軽い素材でありシューズ全体の重さに影響を与えないこと、そして、もみ殻が濡れた路面でのグリップの確保に威力を発揮するからでした。

言ってみれば、雪道でグリップを発揮するスタッドレスタイヤのようなもの。もみ殻には、路面の表面の薄い水膜を突き破って、路面をしっかりとグリップする効力があるのです。

じつは、アテネオリンピックの2大会前、1996年のバルセロナオリンピックのときにも、もみ殻を混ぜた素材をソールに採用していました。アテネのマラソンコースと同様に滑りやすい路面だったこともあり、その対策として使用していたのです。

以前にももみ殻を使っていたとはいえ、アテネの難コースを走り切るシューズの開発は簡単ではありませんでした。軽さ、クッション性、グリップといった条件はどれか一つが欠けても、アスリートの能力を引き出すシューズにはなりません。試作品の製作を何度となく繰り返し、最終的に出来あがったのは、25回も試作を繰り返した後でした。

アテネオリンピックの女子マラソンの日本代表は野口みずき選手と土佐礼子選手、坂本直子選手でした。野口選手は小柄な身体ながら、ダイナミックなストライド走法、土佐選手はピッチ走法で、走り方が異なるために求められるクッション性も異なります。選手の走りの特徴に応じ、微調整したシューズを用意しました。

しかし、ここでも、それぞれのアスリートが感じる「フィット感」とも言える感覚の違いがありました。

試合の直前になって、土佐選手と坂本選手からは、スポンジにもみ殻ではなく、日本で使っていたのと同じようにソールにウレタン素材を使用したシューズを1足でいいので用意してほしいと言われたのです。急遽、現地で持ち合わせていたウレタン素材の中でもグリップ性などを考えて最良の素材を選んでシューズを作って渡しました。

一方、野口選手は、「私はスポンジともみ殻のシューズのほうがしっくりくる」と言っていました。それぞれの選手がどのシューズを履いてレースに臨むのかは、本人次第です。

前述したように、私はレース本番のとき、選手が自身のコンディションに応じて選べるように、数種類のシューズを用意して渡しています。どのシューズを履いて走るかの最終的な決断は、走る本人に任せます。レースが始まる直前まで、どのシューズで走るのか、私もわからないこともあります。

それぞれのシューズを手にしたアスリートたちは、レース本番の当日、それぞれが異なった判断をしました。野口選手は、もみ殻を混ぜた別注シューズを履き、土佐選手と坂本選手はウレタン素材の別注シューズを履きました。結果は、野口選手が金メダルを獲得し、土佐選手は5位、坂本選手も7位に入賞しました。

野口選手が金メダルを獲得したことは、私にとってとても大きな喜びでした。シューズの製作者としてコースの特徴や走る難しさを考え、さまざまな改良を加えて作ったシューズを履いたアスリートが、見事に結果を残したことを考えると、素直に誇らしい気持ちにもなりました。

また、土佐選手、坂本選手が直前になって、日本でこれまで使用していたシューズと同じウレタン素材の別注シューズにこだわった詳細な理由は聞いてはいません。ただ、そこにも一流のアスリートだからこそ感じ取れる、微妙なフィット感の違いがあったのだと思います。

世界のトップを目指すアスリートたちは、「結果がすべて」とも言われます。その結果を残すためであれば、シューズにおける数ミリ、数グラムの差異にもこだわるのがアスリートです。そんなリクエストに対して、素材の開発や製法の工夫などで応えていくのがシューズ作りなのです。

ただし、アスリートたちのこだわりやリクエストを汲み取ってさえいれば、「勝てるシューズ」を作れるのかというと、決してそうではありません。本当にその選手のパフォーマンスを最大限に引き出すシューズを作るのであれば、むしろ選手の「リクエストの通りには作らない」という、シューズ製作者としての強い気持ちも必要です。次章では、そんな「シューズ職人として譲れないこと」について書きます。

第3章

選手の履きたいシューズは作らない

～シューズ職人として譲れないこと

シューズ職人から見た「伸びる選手」の共通点

数多くのアスリートにシューズを提供してきて

私はこれまで、シューズの製作を通じて、数多くのアスリートたちと接してきました。その中には、オリンピックのメダリストもいれば、プロや実業団で活躍するアスリートもいました。中学校や高校の部活動を頑張っている生徒、大学の陸上部の選手もいます。もう長きにわたって数多くの選手を見てきたからでしょうか、よく「三村さん、伸びる選手や強くなる選手に共通することは何でしょうか」と聞かれることがあります。

当たり前のことかもしれませんが、なかなか簡単には言い表せません。例えば、メンタルな部分を考えれば「ハートの強い選手が伸びるよ」などと言えるかもしれません。また、フィジカルな部分を考えれば「筋肉がほどよく柔らかい選手が強くなる」というようなことも言えるでしょう。

それでは、「シューズを作り続けてきた立場から見れば」、どういった選手が伸びていき、強くなっていくと感じているのか。その問いに対する私の答えは、じつはとてもシンプルです。「素直に他人のアドバイスに耳を傾けることのできる選手」というものです。

もちろん、足の長さやサイズ、足首の柔らかさなど、測定した数値から判断して「この選手は伸びる素養があるな」「この選手は強くなるかもしれないな」と思う選手はいます。具体的には、まず左右の足のバランスが良い選手です。そして、足首の柔らかさや土踏まずのアーチの高さなどの数値が、すべて「適切な範囲にある」選手です。つまり、ほどよい柔らかさを持ち、ほどよいアーチの高さの足を備えた選手です。

ただし、こうした足を測定した数値は、あくまでも「測定の結果」にすぎません。もし足のバランスが良くなければ、それを整えるように矯正用のシューズを履いたり、トレーニングをしたりすればいいし、足首が柔らかすぎるのであればテーピングで補強をするなどの対処をすればいいのです。

ところが、足を測定した結果を踏まえて、その選手に足の弱い部分を伝え、それを補強するためのシューズの製作についての話し合いをしていこうにも、すべての選手がアドバイスに素直に耳を傾けてくれるわけではありません。

私は、それも当然のことだと思っています。選手にはアスリートとしての実績があり、誇りもあります。それまでに、自分が受けてきた指導もあるでしょう。

一方、そうしたことを踏まえても、私が話すことを真摯に受け止め、耳を傾けてくれるアスリートもいます。私はこれまでの経験からすると、そんな選手が伸びる、強くなる傾向があると感じています。

「騙されたと思って履いてみろ」

選手の中には私が足を測定した結果をもとに足の弱点を説明し、そこを補うシューズの製作について話しても、最初は半信半疑の人もいます。ましてや、私は足の弱点を補強するための筋力トレーニングについても「片足スクワットを毎日200回くらいやるといいぞ」というように、具体的に指示をするからなおさらです。

私の指示に対して半信半疑な選手には、冗談めかして「騙されたと思って、1回でいいからこのシューズを履いてみろ」と言うときもあります。とくに親しくなり、いろいろな相談をして、腹を割って話し合いができるようになった選手には、時に強い口調で言うこともあります。

その真意は、履いてもらえれば、私が指摘したことが正しいのか、そうではなかったのかを身体で明確に感じてもらえると考えているからです。そう考える裏側には、これまでに数多くのアスリートたちの足を測定し、何万足ものシューズを製作してきたという「経験」があります。私はシューズの製作において、最後にモノを言うのは経験ではないかと思っています。

その経験をもとに、時には「強くなりたかったら、迷わずこのシューズを履いてみろ！」と自信を持って、強い口調でアドバイスすることもあります。

大切なのは選手との「コミュニケーション」

例えば、アキレス腱が痛いと選手が病院を訪れたときに、医師が「選手の足の長さやサイズ」「左右のバランス」を測定したりはまずしません。医師が土踏まずのアーチの高さや足のアラインメント（足の形態）、履いているシューズの大きさを確認するでしょうか。ほとんどの医師は、そうはしないと思います。

「この選手の足はどういう足なのか」を把握しなければ、ケガや故障の原因はわからないし、それを把握できなければ、選手にとって最良のシューズを製作することはできません。

だから、私は選手の足を自分の手で測定し、足に触れて筋肉の感触を確かめ、選手とのコミュニケーションを大切にしているのです。

　アドバイスに素直に耳を傾けて、自分の弱点を把握し、そこを補うような努力を惜しまない選手は伸びていく傾向にあります。反対に、そういったアドバイスにはいっさい耳を貸さずに、「走るのは自分だ」と言わんばかりに自分の意見だけを通そうとする選手もいます。そういった選手で強くなった選手は、私が知る限りではあまりいないのが本当のところです。

職人魂に火をつけたトップアスリート

金メダリストが身をもって示してくれたこと

世界一を狙うトップアスリートでありながら、私のアドバイスに素直に耳を傾けてくれる選手もいました。その代表格のひとりが、本書で何度か紹介している2004年のアテネオリンピックの金メダリスト・野口みずき選手です。

野口選手は、私とのさまざまな話し合いの中で、自分が納得したこと、やると決めたことについては、きちんとやり遂げる選手でした。

そのことを私が強く感じたのは、アテネオリンピックの前年にあたる2003年のある出来事がきっかけでした。

野口選手は、2003年に開催された世界陸上パリ大会でも銀メダルを獲得しています。その大会が終わり、いよいよアテネオリンピックに向けた合宿が始まるというちょうどその頃に、私のところにやってきました。

足を測定して、いつもの通り足首の柔らかさなどの問題点を指摘しながら、野口選手にそれを克服するための筋力トレーニングの方法を細かく示しました。

「この筋力トレーニングは、足のこの部分を鍛えるのが目的だ」「ここの筋肉に疲れがたまると走るフォームが崩れていく、だからここを鍛えておくことが必要だ」というように、野口選手とシューズのことだけではなく、具体的なトレーニングの方法なども話し合ったのです。

その後、野口選手が所属する陸上部の藤田信之監督と話をしていたのですが、しばらくすると、なにやら体育館から物音がしてきました。覗いてみたら、野口選手が私が指示した筋力トレーニングを数種類、試しにやっていました。

自分に合うトレーニングかどうかを自分で確かめながら、他人の言うことにも素直に耳を傾けて、効果がありそうだと思えば取り入れていく。強くなるために貪欲なアスリートの姿を垣間見た気がしました。

同時に、世界陸上で銀メダルを獲得するほどのトップアスリートにまでなっても、野口選手が全く謙虚さやひたむきさ、素直さを失っていないことに驚いたのを覚えています。

そういう選手には、シューズを製作する立場からもやりがいを強く感じますし、頑張ってほしい、強くなってほしいと心から願います。

野口選手と同じように、私とよく話し合って、納得したことについては真面目に実行してくれる選手に、トヨタ自動車九州の今井正人選手がいます。

今井選手については、すでに少し触れていますが、２０１５年の東京マラソンで自己ベストの2時間7分39秒を出しています。順天堂大学時代は、箱根駅伝で大活躍し「山の神」と呼ばれたのでご存じの方もいるのではないでしょうか。残念ながらリオデジャネイロオリンピックの代表の座は逃しましたが、今井選手も私のアドバイスには素直に耳を傾けてくれた選手のひとりです。

また、今井選手は、私のアドバイスを受け入れるだけでなく、実際に試してみて疑問に思ったことはしっかりと質問をしてきます。自分自身がしっかり納得した上で、取り入れようとしているのです。リオデジャネイロオリンピックには出場できませんが、２０１７年の世界陸上ロンドン大会では、ぜひメダルを獲得してほしいと思っています。

もの作りのプロとして「絶対にやってはいけない」こと

多くの選手は「フィット感」を誤解している

マラソン選手の中には、きつめのシューズを履きたがる人が少なくありません。一流のアスリートはシューズを履いたときの「感覚」をとても大切にします。バルセロナオリンピックで銀メダルを取った森下選手も、引退後に話を聞いたときに「当時は足の指が曲がるくらいのきついシューズを履かないとスピードを出せないような気がしていました」と話していました。

つまり、「きついシューズのほうが速く走れる」という感覚をとても重視したのです。しかし、残念ながら、その感覚は正しくありません。つまり、「勘違い」をしている選手が多いのです。

そこが、やっかいなところでもあります。アスリートは「もっとスピードを上げて走れるようになりたい」「リズムを保ったまま走り切れるようになりたい」など自分の求める理想があって、そのためにシューズにもさまざまな機能を求めています。ところが、ほとんどの選手が、自分が求める理想の姿を実現するシューズではなく、勘違いをしたままシューズを選んでいたり、要望を伝えてきたりするのです。

なぜ、そうなってしまうのでしょうか。理由は、多くの選手が「自分の足」について、詳しく知らないからです。自分の足の状態を知らないということは、自分の弱点や走り方のクセについても正しい理解はしていないということ。その状態では、どうしてもそれまでの選手としての経験や思い込みでシューズを選ぶことになります。

走り方のクセにしても、変なクセがついているということは、そのほうが走りやすいからです。それが速く走ることを可能にするクセであればいいのですが、ほとんどの場合はそうではありません。

例えば骨盤が歪んでいる、あるいは、足首が硬いなどの理由から、身体のある部分をかばおうとして、走るフォームが崩れてしまい、それがクセとなって表れているケースが多いのです。そして、それがその選手にとっては「走りやすいフォーム」と誤って感じられてしまっているのです。

当然ですが、そのような状態で練習を繰り返し、走り続けていれば、いずれはケガや故障をしてしまうでしょう。

選手に言われた通りのシューズを作るのは二流

このように、選手は自分自身で足の状態を正確に知っていることが少なく、それまでの自分自身の経験や思い込みから、自分が履きたいシューズへのリクエストを出してきます。

そんなとき、私は選手とさまざまなディスカッションはしますが、選手のリクエストをそのまま鵜呑みにするようなことはしません。今、述べた通り、そのリクエストが選手の走り方のクセや思い込みによるケースが多いからです。

私は、私だけでなく私の工房のスタッフにも、選手から「シューズが大きいから、もう少しきつくしてください」とリクエストされたからといって、言われたままに小さく調整するというのは「絶対にやってはいけない」と厳しく指導しています。「それはシロウトがやるシューズ作りだ」とも言っています。

そうではなく、選手に対して、「あなたの足の形状はこうなっています。だから、ここが弱点になっていますから、それを補うようなこういったシューズを履かなくてはなりません」と確信を持って伝えることが重要です。

シューズの製作では、じつは選手から言われた通りに作るのが一番簡単です。シューズ製作のプロとして「最もラクなこと」でもあります。それで結果が出なくても、自分の責任ではなくなるからです。ただ、こうしたやり方では、本当に選手のためになるシューズは製作できません。

また、「あなたに必要なシューズの機能はこうです」と説明するときにも、「本当にこれでいいのか」とこちらが不安に思っていては、選手にもその気持ちは伝わってしまいます。シューズの製作者として、「あなたが履くべきシューズはこれです」というように、自信を持たなくてはなりません。時には、選手に「このシューズでないと走ってはいけない」というくらいに強い口調で話すことも必要です。

こちら側に、そのくらいの自信と強い思いがなくては、私の「シューズ作りを通してアスリートを強くしたい」という気持ちは伝わらないと考えています。アスリートたちもオリンピックや世界陸上でメダルを狙うことに真剣なら、私もシューズ製作に真剣です。その真剣勝負には、私にも「譲れないもの」があるのです。

シューズで選手を「導く」ということ

トップアスリートが持つ繊細な感性

「譲れないものがある」と書きましたが、今でこそ、そういったことを言っている私も、アスリート向けのシューズ製作を始めた当初は、選手のリクエストに応えるだけでした。

私がアスリート向けのシューズの製作を始めたのは1974年で、株式会社アシックスの前身のオニツカ株式会社に入社して7年目のことだったのは、すでに序章に書いています。その頃、日本を代表するマラソン選手は君原健二選手、宇佐美彰朗選手、寺沢徹選手などでした。

私は、オニツカの陸上競技部にも所属していたし、マラソンにも出場していたとはいえ、君原選手や寺沢選手などは、私にとってはやはり「雲の上の人」でした。製作したシューズの試作品を履いてもらって、「どこか当たるところはありませんか」などとその都度聞いていたものです。そして、「ここが当たる気がする」とか、「もう少しきつめに調整してくれ」などと注文されると、それに合わせて調整をしていました。

当時の私のことを振り返ると、正直、トップアスリートたちの要求を受け止めるのが精いっぱいでした。とにかくアスリートたちが「何を求めているのか」「何を望んでいるのか」を、「まずは自分自身が理解すること」に努めました。

自分が陸上競技をやっていた経験もあったからでしょうが、当時から一流のアスリートたちの感覚は非常に繊細であることは気がついていました。「普通の人にはわからない独特の感性がある」と肌で感じていたのです。だから、トップアスリートたちと接する中で、そのわかりにくいものを感じ取り、それをシューズに活かせないものかと必死になっていました。

選手が本当に求めているものを理解する

そんな私にとって転機となったのは、やはり1976年のモントリオールオリンピックだったと言えるでしょう。日本の男子マラソンは、宇佐美選手、水上則安選手、宗茂選手が代表でしたが、いずれもメダルを獲得できなかったばかりか、残念ながら入賞もできませんでした。

1964年の東京オリンピック、68年のメキシコシティオリンピックと2大会続けて男子マラソンではメダルを獲得し、72年のミュンヘンオリンピックでも君原選手が5位入賞を果たしていただけに、入賞すらできなかったことは残念でなりませんでした。

ただ、その結果を私はシューズの製作者という視点で、いわば冷静に見ていたかもしれません。というのも、その当時、アスリートたちが履くシューズに「本当にこのシューズでいいのか」という疑問を感じていたからです。例えば、寺沢選手はきつめのシューズを履き、外反母趾《がいはんぼし》がひどかったのです。

マラソンは42・195キロという長い距離を、少しでも速く走り切ろうという過酷な競技です。そのマラソンのトップアスリートと言えば、いわば世界中の誰よりも「自分の足を大切にしなくてはならない人」とも言えます。足を大切にしていなければマラソンを走り切ることはできないのですから。

ところが、そんなアスリートたちが、自分の足の痛みにいつも悩んでいました。冷静に見ると、その原因はシューズにあるのでは？ と考えられることも多かったのです。

寺沢選手については、なぜ自らの足を痛め、傷つけるようなシューズを履くのか、という疑問が常について回りました。きついシューズでないと本当に速く走れないのか。そうでないとしたら、本当の問題は何か。その問題を解決すれば、アスリートの記録はもっと伸びるのではないか……。

常にそんなことを考えていたのですが、「雲の上の人」であるアスリートに自分の意見をまっすぐに伝えられるほどには、私にも自信がなかったのです。そんな気持ちでシューズの製作に取り組んでいれば、やはり選手にとって本当に良いシューズは作れません。

選手の気持ちを聞くこと、その声に耳を傾けることは大切です。しかし、その結果、外反母趾など足に故障を抱えてしまっている選手がとても多く、それが選手の弱点になっている。私は、そうした選手の弱点を補うようなシューズを提案していかなくてはならないのではないか。そう思えてきたのです。

もっとわかりやすい表現で言うと、「選手の希望を聞くことは大切だ。ただ、その思いを汲み取った上で、選手が本当に求めているものを理解し、選手が進むべき道に導いてあげるのがシューズ製作者としての本当の使命ではないか」と感じたのです。

シューズ製作者として譲れないもの

選手の希望を聞いて、その上で選手をさらにその先へと導いていきたい。そう考えるようになった根底には、やはりシューズの製作者として「譲れないもの」があったからです。その譲れないものがあるからこそ、時に「あなたが履くシューズはこれです」というように、力を込めて言うこともあります。

負けたのは「シューズのせい」

それが、見事にオリンピックや世界陸上のメダルという結果に結びつけばいいのですが、必ずしもそうはいかないこともあります。マラソンは勝つのがとても難しい競技であることを考えると、むしろ結果に結びつかないことのほうが多いかもしれません。

そして、そんなときには、「負けたのはシューズのせいではないか」と指摘されることもももちろんあります。それは、選手自身の口から発せられることもあれば、その選手が所属するチームの監督やコーチ、関係者などの話として報じられたり、私の耳に届いたりします。

じつは、１９９６年のアトランタオリンピックでもそんなことがありました。アトランタオリンピックと言えば、女子マラソンで有森裕子選手がバルセロナオリンピックの銀メダルに続いて、２大会連続となるメダル（銅）を獲得しました。

このオリンピックには、１９９３年にドイツ・シュトゥットガルトで開催された世界陸上の女子マラソンで金メダルを獲得した浅利純子選手、そして真木和《いずみ》選手が参加し、３人とも私のシューズを履いていました。

諸刃の剣だった「アトランタスペシャル」シューズ

アトランタオリンピックのマラソンコースは難コースであることに加えて、高温多湿な気候が「最大の難敵」でした。高温多湿の気候は、選手のスタミナを奪うだけでなく、シューズ内の「温度」と「蒸れ」にきわめて大きく影響します。シューズ内の温度については第２章でも触れていますが、１９８４年のロサンゼルスオリンピックの頃のシューズの中では42度程度まで上がっていたのが、この頃には38度くらいにまで４度も下げる工夫が施されていました。

一方、シューズの「蒸れ」については、通気性が改善されていました。この温度と通気性は、足のマメのできやすさに直結します。

じつはマメができる理屈は、正確には解明されていないのですが、大まかには「走ることで足が衝撃を受け、インソールとの摩擦熱もあって足裏が熱くなる」、次に「熱くなった部分を冷やそうと、体内のリンパ液が集まってくる」、そして「リンパ液が水膨れのようになって、マメになる」というのが一般的には言われています。

アトランタオリンピックで勝つためのシューズ製作のポイントは、この「マメ対策」だったとも言えます。そこで、温度を下げ、通気性を高める工夫が進められました。そして、吸湿性と通気性に優れた新素材を採用したシューズを製作しました。

このシューズで高温多湿の中でもマメ対策は万全に思われましたが、唯一、懸念されることがありました。このアトランタオリンピック仕様のシューズは、ソックスを履いて走ると、通気性が若干損なわれてしまうことでした。

通常のマラソンシューズとは異なり、あくまでもアトランタという土地柄とコースを考え、そこでベストな記録を出せるように開発した、まさに「アトランタスペシャル」と呼ぶに相応《ふさわ》しいシューズでした。ただし、その吸湿性や通気性といった重要な機能は、「素足で履いたほうが、より効果を発揮する」ものだったのです。

素足かソックスか？　選手それぞれの「選択」

私は、事前にそのことを伝えていました。だから選手たちも、当初は全員、素足でシューズを履いて本番に臨む準備をしていたのではないかと思います。

ところが、レース当日は、気温が予想していたほどには上がりませんでした。アトランタ特有の「高温多湿」の厳しい気象条件ではなくなったのです。ただし、マラソンは2時間以上にも及ぶ長丁場です。レースの途中で、いつ気温が上がり、高温多湿に急変するかもしれません。

3人の選手は、それぞれが想定するレース展開、レースに懸ける思いを胸に「ソックスを履くか」「素足でいくか」の選択を迫られることになりました。私はいつも「選手の言う通りのシューズは作らない」と言い続けていますが、それと同時に「最後にどのシューズを履くかを選ぶのは選手自身だ」ということも言い続けています。このときも、どのシューズを選び、どういった履き方をするのかは、選手自身の選択に任せました。それは、走るのはあくまでも選手にほかならないからです。

アトランタオリンピックでは、ソックスを履いた有森選手が銅メダルを獲得し、メダルを期待されていた浅利選手は素足でシューズを履き、残念ながら17位にとどまってしまいました。真木選手も素足でシューズを履き、結果は12位でした。

有森選手のメダル獲得はとても嬉しかったのですが、レース後に「浅利選手の敗因がシューズにある」という報道を見て、私はショックを受けました。その内容は「浅利選手は素足でシューズを履いたために、レース中にマメをつぶしてしまい、それが原因で失速した」というものでした。

しかも、素足で履くように指示したのが、シューズの製作を担当した私であるという報道もありました。

浅利選手がマメをつぶしてしまい、思うような結果を残せなかったことは、シューズにも原因があるはずで、そのことはシューズ製作のプロフェッショナルとして真摯に受け止めなくてはならない事実と考えています。

シューズ製作には終わりがなく、日々、完璧なシューズを目指して作っていますが、良い結果が出るときばかりではありません。むしろ、思うような結果が出ないことのほうが多いのは、シューズ作りに限った話ではないでしょう。

そんなときほど、レースをきちんと振り返って、反省すべきところは反省し、素材、製法などで改良の余地はないのかを常に検討する――そうした取り組みを続けることこそが、もしかしたら、私にとって絶対に「譲れないもの」なのかもしれません。

この章では、「選手の履きたいシューズは作らない」というテーマで、私がシューズ作りにおいて考えていることを書いてきました。選手からの「こういったシューズを履きたい」というリクエストを鵜呑みにするのではなく、その要望を聞いた上で、こちらから「あなたの履くシューズはこれです」と、先回りをして提案していくことが、私の理想とするところです。

その提案の裏側には、私のこれまでの経験をもとにしたシューズ職人として「譲れないもの」があります。

その「譲れないもの」とは何かと考えると、それは選手のためになるシューズを追求していくことに尽きると思います。日々、そうした取り組みを継続していくことこそが、私にとって本当に「譲れないもの」なのです。

そして、そうしたシューズ作りにかける私の思いは、アスリート向けのシューズ製作に限ったことではありません。

次章では、マラソン選手やアスリート以外の人たちへのシューズ作りにも触れながら、私が目指している究極のシューズ作りについてお話ししたいと思います。

第4章

シューズで世の役に立つ、ということ

〜究極のシューズ作りとは

身体が不自由な人へのシューズ製作で学んだこと

足に障害を持つ方や歩くのが不自由な方にも

ここまで、私の仕事であるアスリート向けのシューズの製作について書いてきました。たしかに私の仕事の大半はアスリート向けのシューズ作りですが、じつは、アスリート向けだけでなく、依頼があれば一般の人たち向けのシューズの製作も手がけています。

これまでに依頼をいただいた方の中には、足に障害をお持ちの方もいましたし、高齢になって歩くことに不自由さを感じられている方々もいました。シューズの製作を通じて、そういった人たちが少しでも快適に日常生活を送れるようにお手伝いすることも、私の重要な仕事の一つと考えています。

そうした人たちへのシューズ製作を通して感じたことがあります。

それは、アスリートたちと同じように、あるいはそれ以上にシューズに足を入れたときの「感覚」を大切にされるということでした。シューズを履いたときのフィット感の重要性は、なにもアスリートに限ったことではないです。

例えば、つい先だっても、ある高齢のご夫婦が私の工房にやって来られました。ダンナさんのほうが歩くと足の踵と土踏まずのアーチのところに痛みを感じるとのことで、「なんとか痛みを感じないでも歩けるようにならないか」と、特注のインソールを求めていらっしゃいました。

そのご夫婦は私の工房に来られるずっと前から、全国各地の整形外科を回り、足を診察してもらって、足の痛みを解消するインソールを作るための相談をしていたそうです。

そんなこともあって、私の工房に来られたときには、これまでに作ったというインソールを約20足分も紙袋に入れて持ってきていました。「どれも足に合わなくて痛みが取れない」というご夫婦の話を聞いて、持ってきたインソールを確認し、足型を取り、サイズを測定して、足のアラインメント（足の形態）を測りました。これらはアスリート向けのシューズ作りの工程と全く変わらない「足を診る」作業です。

その上でご夫婦に、「足のここが弱いから、ここに負担がかかって痛みが出ています」と、これもアスリート向けのシューズを製作するのと同じように説明をしました。一通りの説明を終えた後に市販のインソールを即席で少し直して、「こんな感じに調整してみました。

痛みの具合はいかがですか」と、履いてきたシューズの中に敷いて、歩いてもらいました。するると、「あっ、これだと全然、痛くない」と、とても喜んでいただけました。

足をきちんと測定することで、例えば、インソールの土踏まずのアーチの高さを数ミリ低くすることで、痛みが出るのを抑えることができるなど、対処法がわかってきます。このご夫婦には、その後に足の測定結果をもとに、きちんとした特注のインソールを作ってお送りしました。

「一度でいいからクツを履いてみたい」という切実な願い

さて、私がこうした足に痛みや悩みを抱えている方々へのシューズ作りを始めたのは、20年以上も前のことです。１９９４年に広島市でアジア競技大会が開かれたとき、当時、私が在籍していた株式会社アシックスの鬼塚社長が一通の手紙を受け取ったことがきっかけでした。

その手紙は、山口県の光市に住む当時38歳の男性からのものでした。その男性は、身体に重い障害があって、ずっと車椅子での生活で、「一度もクツを履いたことがない」というのです。そして、「一度でいいからクツを履いてみたい。私に合う特別なクツを作ってもらえないか」という切実な願いが記されていました。

その手紙を読んだ鬼塚社長が私を呼んで、「38年間、一度もクツを履いたことがない人が、生まれて初めてクツを履くというのだ。ぜひともそのクツを我が社で作らせていただこうではないか」と言いました。広島市でのアジア大会に行くのに合わせて、鬼塚社長と一緒に光市に向かったのを覚えています。

この男性のシューズ作りでももちろん、足型や足のサイズを測定して製作しました。身体の障害で車椅子から立ち上がることができなかったので、通常はサイズ測定用の台に乗ってもらって測定するところも、車椅子に座ったまま計測しました。

その後、完成したクツを鬼塚社長と一緒に届けに行きました。その男性がクツを履いて、家族の方々に支えられながら立ち上がったとき、男性の母親は涙を流していました。38年間、歩くどころか立つこともままならなかった息子さんが、両脇を支えられながらも、シューズを履いて立っている……。そのことが本当に嬉しかったのでしょう。私もシューズ作りが、こういったかたちで人の役に立つことがあるのだとあらためて思い、胸に熱いものが込み上げてきました。

一生のうちで「二度とない」かもしれない

身体に障害がある人たちにシューズを作るときには、マラソン選手やアスリート向けにシューズを作るのとは少し違った気持ちになります。マラソン選手やアスリート向けのシューズは、記録を伸ばし、勝負に勝つために試行錯誤を繰り返したり、選手からのリクエストを聞きながら作り替えたりします。シューズを提供した後も定期的に足を測定し、その結果をシューズに反映させていきます。

ところが、身体に障害のある方々にシューズを作り、履いてもらうということは、前項で紹介した男性のように「人生で初めてのこと」かもしれないのです。もしかしたら一生のうちで「二度とない」ことになるかもしれないのです。

先日も、私の工房に脳梗塞の後遺症で歩行に困難を感じておられる方がご家族と一緒に来られました。80代の方でしたが、何とかもう一度歩きたいと、ご家族の方々に支えられながら工房に来て、足を測定して帰って行かれました。

そういった方々は、マラソン選手やアスリートのようにシューズを履いて毎日のようにトレーニングするわけではないので、シューズが傷まず、長持ちします。普段履きで使用していても数年は持ちますから、出歩く機会の少ない方であれば5年や10年は持つでしょう。そう考えると、こういう方たちにシューズを作るのは、そう何度もあることではないのです。

それだけに相手に納得をして、満足いただけるシューズに仕上げるために、こちらも最大限の努力を惜しみません。シューズを履いてくださる方々にとって一生のうちで「最初で最後の機会」となるかもしれないことを考えると、いつも以上に気が引き締まります。

そして、感謝されると「少しはお役に立てたかな」と誇らしい気持ちになり、それが私を前向きな気持ちにしてくれます。シューズ作りのモチベーションにもつながっていくのです。

読売ジャイアンツ・吉村選手の復帰を支えた特注スパイク

38年間、一度もクツを履いたことがない男性にシューズを作ったことは、数多くのシューズを作ってきた中でも、忘れることのできない出来事の一つでした。こうした忘れられないシューズ作りは他にもいくつかありますが、プロ野球の読売ジャイアンツにいた吉村禎章選手に特別なスパイクを作ったこともその一つです。

吉村選手は1988年7月に北海道・札幌の円山球場での試合で、レフトの守備中にセンターを守っていた味方選手と激突してしまい、左膝の4本の靱帯《じんたい》のうち3本を切断するという大ケガを負いました。当時は「試合中に車と衝突したレベルの大ケガ」と言われたほどです。

選手生命も危ぶまれて、そのまま「ケガから復帰できずに引退か」とささやかれたりもしました。ファンの方々もさぞかし心配したことでしょう。

1988年と言えば、今から30年近くも前になります。吉村選手は当時、まだ26歳の若さで、将来のジャイアンツの四番候補としてさらなる活躍が期待されていた、その矢先の不運な出来事でした。

本人にはまだまだ野球を続けたいという強い意思があり、スポーツ医学の権威とされていたアメリカの整形外科医フランク・ジョーブ博士に手術をしてもらったと聞いています。その後、つらく厳しいリハビリを経て、復帰の可能性がようやく見え始めてきたとき、「足に合うスパイクがない」と、私に連絡があったのです。

じつは、私は吉村選手とは面識がありませんでした。その頃、読売ジャイアンツには専属契約をしているシューズメーカーがあって、そのメーカーが吉村選手のシューズ（トレーニング用）やスパイクを作っていました。約50足のシューズやスパイクがすでに作ってあったと聞いています。ところが、それらが足に合わなかったようです。「このスパイクやシューズでは走れない」ということでした。

履くスパイクやシューズがなくて困っているとき、読売ジャイアンツのチームドクターがどこかで私のことを知ったのでしょう、そのドクターを通じて私に連絡がありました。

「とにかく復帰したい」という意思に胸を打たれ

実際に吉村選手にお会いしてみたら、想像以上に大きなケガであることがわかりました。つま先を自分の力では持ち上げることができず、矯正の装具を付けないと歩けない状態でした。それでも「とにかく走れるようになり、もう一度、野球をしたい」との強い思いを口にしていました。

吉村選手との対話の中で、どれほど強い意思を持って野球に打ち込んできたのかが痛いほど伝わってきました。そして、左膝をサポートする装具を付けてでもいいから、とにかく復帰したいという強い希望を聞き、なんとか力になってあげられないかと思いました。

ただし、私はその当時、野球のスパイクを作った経験がありません。そのことはもちろん正直にお話をしましたが、それでも吉村選手からは「とにかく走れるようになりたい。

ぜひお願いします」と言われました。

最後は、やはり吉村選手のひたむきな気持ちに心を動かされました。シューズ作りを通してアスリートを支えたいという私の中にあった気持ちと通じるものがあり、スパイク作りを引き受けることにしました。

私にとっては、初めてプロ野球選手にスパイクを作ったことになります。しかも、吉村選手は膝をサポートする装具を付けてスパイクを履きますから、それでも動きやすいスパイクでなくてはなりません。

完成したスパイクを送り届けたら、吉村選手が実際に履いてみて、一発で「これなら走れる」と言ってくれたそうです。

その後、装具の厚みが少しずつ薄くなっていったので、そのたびにスパイクを作り替えていく必要が出てきました。装具の厚みなどもきちんと測定してスパイクを作らないといけないので、吉村選手には、「可能であれば一度、アシックスの研究所まで足を運んでほしい。そこでスパイクの製作に必要な測定をしたい」と話しました。

読売ジャイアンツが、チーム契約をしているシューズメーカーが他にあったことは先に書きました。その契約もあったので、実際にアシックスの研究室に来て測定するのは難しいかもしれない、との思いもありました。ところが、吉村選手は球団のフロントに掛け合って、特別に認めてもらったそうです。なんとしても復帰したいという強い気持ちが、ジャイアンツのフロントも動かしたのでしょう。

パラリンピックのアスリートたちにも提供

吉村選手にスパイクを作ったことが一つのきっかけとなって、プロ野球選手のスパイクの製作をするようになりました。吉村選手のように大ケガから復帰した選手では、広島東洋カープで活躍した前田智徳選手のスパイクも作りました。前田選手は１９９５年に右足のアキレス腱を断裂。手術、リハビリを経て復帰したのも束の間、２０００年には左のアキレス腱も切って、手術をしています。

それでも２００７年には２０００本安打を達成した偉大なアスリートです。その前田選手にもアキレス腱を断裂してから、スパイクを作って提供していました。

また、身体に障害があるアスリート向けのシューズも製作しています。例えば、１９９２年のバルセロナパラリンピックの走り幅跳びで銅メダル、２０００年のシドニーパラリンピックでは４００メートルリレーで銀メダルを獲得した高田晃一選手にもシューズを作っています。高田選手は視覚に障害のある選手です。

２０１２年のロンドンパラリンピックに出場して9位になった走り幅跳びの佐藤真海選手にもシューズを作っています。佐藤選手は大学在学中に骨肉腫を発症し、右足の膝以下を切断しました。その後に水泳などでリハビリをしているうちに、中学時代からやっていた陸上競技でパラリンピック出場を目指して本格的にトレーニングを始めたと聞いています。

２０１２年のロンドンパラリンピックで言えば、シッティングバレーボールの日本代表チームのシューズも作りました。

身体に障害がありながらも、それを克服して自分の夢や目標に向かって努力をしているアスリートの姿を目の当たりにすると、いつも胸が熱くなります。シューズ職人として、そうしたアスリートたちをシューズ面から支えたい、少しでも役に立ちたいという気持ちになるのです。

自らの工房を立ち上げた理由

シューズ職人としての恩返し

これまでの私の仕事をあらためて振り返ると、マラソンをはじめとするさまざまな競技のトップアスリート、一般のランナー、そして高齢者や身体に障害のある方々など、私のシューズを履いてくださる人たちはさまざまでした。

それぞれシューズに求めるものは違えど、シューズ作りを通じて、そういった人たちを支える役に立ちたいという気持ちには変わりがありません。そして、それはこれからも変わらないでしょう。

私は２００９年に長年勤めたアシックスを定年退職し、自らのシューズ工房であるＭ．Ｌａｂ（ミムラボ）を立ち上げたことは前に記しました。じつは、定年退職後はしばらくゆっくりしようと思っていたのですが、それまでにシューズを作ってきたマラソン選手やアスリートたちから、「三村さん、私のシューズはこれからどうすればいいんですか」「もう修理もしてくれないんですか」といった電話を本当にたくさんいただきました。

私は、シューズ作りを通じて、マラソン選手やアスリートを支えたいと常々口にしてきましたが、ご縁のあったさまざまな選手や陸上競技関係者などから電話をいただいたときに、自分が選手を支えていたのではなく、「自分は、これだけの人たちに支えられていたのだ」ということを、あらためて思い、本当に感謝の気持ちでいっぱいになりました。

多くの電話をいただいたことで、最初は自宅でシューズの修理などをしていましたが、それだけではアスリートたちからの要望に対応しきれなくなり、２００９年に工房を立ち上げました。さらに、その翌年の２０１０年にはアディダスジャパン株式会社と専属アドバイザー契約を結びました。

アディダスジャパンと契約した理由はいくつかあります。その中でも大きな理由は、私がシューズ作りに携わった最初の頃から思い抱き続けてきた「日本人選手を強くする役に立ちたい」という気持ちをもう一度見つめ直したとき、それを実現するのに、最も可能性のあるパートナーであると感じたからです。

アディダスジャパンと契約してからは、一般ランナー向けの市販品のシューズ製作にも着手しました。

一般のランナーでも、最近ではスポーツショップなどで自分の足を測定して、オリジナルシューズを製作している人もいるようです。その一方で、特注のシューズを作るほどではないが、常に自己ベストの更新を目標にトレーニングに励んでいるランナーも多くいます。

そんな人たちに向けて、1年半の期間をかけて、アディダスジャパンと共同で「アディゼロ匠《たくみ》（adizero takumi）」シリーズを開発しました。

「ren」と「sen」という2種類があって、「ren（練）」は文字通り普段のトレーニング用、「sen（戦）」はレース用というイメージです。もちろん「ren」でレースを走っていただいてもまったく問題ありませんが、「sen」のほうがスピード性をより重視しており、ソールも「ren」より少し薄く作っています。

どちらもアッパーはフィッテングを重視し、ソールは安定感を重視した素材を使用しています。着地時に足がブレずに、リズムよく走れるように工夫をしました。

シューズ職人が目指す究極のシューズとは？

アスリートと感動を分かち合える関係であるために

２０１０年からアディダスジャパンと契約し、日本人選手を強くするシューズ作りに取り組んでいると書きましたが、それを踏まえて、私が今、考えているシューズ作りについて、最後にお話をしておきたいと思います。

まず、私が理想とするシューズは、これまでも、そしてこれからも変わらず、選手にとって「疲れにくく」「ケガや故障をしにくい」シューズです。そういったシューズ作りを通じて、世界の頂点を目指すアスリートたちをサポートし、目標を達成して、シューズを通して感動や喜びを分かち合える関係になることが理想です。

これまでの経験から、アスリートとそんな理想的な関係ができたのではないかと思えるのは、やはり２００４年のアテネオリンピックで金メダルを取った野口みずき選手とのエピソードです。

アテネオリンピックで金メダルを獲得した翌日、野口選手と監督、コーチの3人と私で会う機会がありました。そのとき、野口選手は、実際のレースで履いていたシューズにサインをして持ってきてくれたのです。

オリンピックの本番前に、私は野口選手に「このシューズでメダルを取ったら、シューズは記念にもらうぞ」と激励のつもりで言っていました。

ただし、オリンピックで金メダルを取ったときに履いていたシューズです。「本当に持ってきてくれるとは」と私も驚いて「そのクツをくれるのか」と聞きました。野口選手は、黙ったままでした。それでもそっと私にそのシューズを手渡そうとしてくれたのです。

その仕草を見れば、誰だって自分でシューズを取っておきたいのだとわかります。私も本番前に冗談めかして約束したことを、本当に守ってもらおうなどとは思っていません。

野口選手が、金メダルを取ったシューズを手元に置いておきたいと思うのは、アスリートとしては当然のことでしょうし、そこまでシューズを大切に思ってもらえたこと自体、シューズ職人としてとても誇らしいことでした。

私は、「自分で取っておいたほうがいいんじゃないか」と、そのシューズを野口選手のほうにそっと押し返しました。すると、野口選手は明るい表情になって、「ありがとうございます！」とニコッと笑いました。

その翌日、野口選手はレプリカのシューズにサインをして持ってきてくれました。

自分の感性を信じる

さて、ここまで、多くのマラソン選手やアスリートたちとのエピソードを交えながら、私が考える理想のシューズ、シューズの作り方について書いてきました。私は、一流のアスリートになればなるほど、シューズを履いたときのフィット感を大切にすると書きました。フィット感という目には見えないモノを感じ取って、機能としてシューズに盛り込むのが私の仕事です。

その仕事をするにあたって、私は自分の「感性」をとても重視してきました。私は他のシューズメーカーがどのような機能を盛り込んだシューズを作っているのか、じつは一度も見たことがありません。その理由は、「自分の感性を何よりも大切にしなくてはならない」と考えているからです。

私は、シューズ製作において、まずは「アスリートと真正面から向き合い、対話すること」を重視し、その上で「自分の経験から判断すること」を徹底しています。そして、最後には「自分の感性を信じる」ことで、アスリートにとってベストと思えるシューズを作り、提供してきました。

もし、他のメーカーのシューズを目にして、そこに盛り込まれた機能が頭の片隅にでも残っていたら、その記憶が私の感性を鈍らせるかもしれません。最後の最後の判断に大きな迷いが生じるかもしれないのです。そのことは、アスリートに対し、「このシューズを履いて走ることがベストだ」と自信を持って伝えられなくなることにつながっていきます。

私は、そんなシューズは決して作ってはいけないと思い続けています。それは、アスリートの力を最大限に発揮させるシューズにはならないからです。

アスリートのためのシューズを作るのであれば、そのアスリートと対話をしなくてはできません。その対話の中から、アスリートの独特の感覚を理解し、それを感じ取ってシューズに盛り込んでいくのが私の考えるシューズ作りです。

だから、後進を育てるにも、何よりもアスリートと対話をすること、何を求めているのかを感じ取る感性を磨くことの重要性を厳しく言い続けています。これはじつはなかなか教えられないことです。

足を測定すれば数字は手に入ります。その数字をもとに自分の感性を信じて、シューズをどう作るかを決めて、後は体験していくしかないのです。それを繰り返すしかないのです。

自分の満足で終わらせてはいけない

私は失敗を恐れないことは、シューズ作りに限らず、プロフェッショナルとして、とても大切なことだと考えています。アスリートと対話をし、感じ取ったことを実践し、体験すること。その過程では失敗もあるでしょう。

ところが、失敗を恐れるばかりにアスリートのリクエスト通りにシューズを作っていては、決してアスリートが本当に求めているシューズを作ることはできないのです。「失敗を恐れずにチャレンジすること」。その気持ちを持ち続けることを、私は自分の信条としています。

そして、「自分で満足しない」ことも私が大切にしている信条の一つです。アスリートが常に自己ベストの更新を狙っている限り、それを支えるシューズも常に進化が求められます。シューズ作りには終わりがありません。アスリートに提供したシューズで、良い結果が残せたとしても、その結果に満足してしまってはいけないのです。

そのアスリートに次にシューズを作るときには、走るコースの状態、気温や湿度、そのときのコンディションなどを再び検討し、より良いシューズを提供しなくてはなりません。自分で満足して、立ち止まっている暇はないのです。

そして、もう一つ、私が持ち続けている信条は「アスリートに納得してもらう」ことです。最後にシューズを選ぶのはアスリート本人です。時に「このシューズを履け」と言うことはあっても、最後に履くか履かないかを決めるのは、あくまでも選手自身。走るのは選手にほかならず、私の仕事はあくまでも裏方です。だからこそ、私が作ったシューズを選んでくれるのであれば、「選手に納得して履いてほしい」のです。そうしたシューズを作れるかどうか。それこそがアスリートと私の真剣勝負なのです。

「たった1足」のシューズにすべてを懸けて

ただし、どんなにアスリートたちとディスカッションをしても、どんなに試行錯誤を繰り返し、試作品を作っても、本番で使用されるシューズは「たった1足」です。しかも、アスリートたちにとっては、オリンピックや世界陸上の本番は一生のうちに一度しかありません。オリンピックに二度、三度と出場する選手でも、同じレースは二度とはないからです。私が作っているのは、アスリートにとって一生のうちに一度しかない本番で履く、たった1足のシューズです。

マラソンはよく人生に例えられます。それは、2時間以上に及ぶ競技時間の間にさまざまな出来事があり、駆け引きがあり、勝敗を左右するドラマがあるからでしょう。

それでも、本当の人生の中においては、わずか2時間の出来事と言うこともできます。しかし、その2時間に、アスリートたちは自身のすべてを懸けていると言っても、決して言い過ぎではないでしょう。

アスリートたちがすべてを懸けて戦うそのときに、アスリートたちが履く「たった1足のシューズを私は作りたい」。私がシューズ作りに懸ける本心を突き詰めると、こうなると思います。

私は、その気持ちをずっと持ち続けてきました。そして、これからも変わることはありません。そんな思いを抱き続けながら、シューズ作りを通じて、アスリートをはじめとして、私のシューズを履いてくださる人たちを少しでも支えていくことができたら本当に幸せなことだと思います。

付章

世界一のシューズ職人が伝授！「自分に合ったランニングシューズ」の選び方

一般ランナーがシューズを選ぶときには

ソールの厚さを基準に選ばない

さて、アディダスジャパンとの契約によって一般のランナー用のシューズの共同開発もしてきましたが、ここでは一般ランナーのシューズ選びについて、シューズ製作者の立場から少し触れておきましょう。

一般的にシューズショップでは、ソールの厚みによって、例えば「フルマラソンでサブ4《フォー》（4時間を切ること）を目標としている人向け」とか、「サブ3《スリー》を目指す人向け」というように分けて売られていることが多いようです。多くの人は自身の目標タイムを持っていますから、そのタイムから選べばいいのはわかりやすいとは思います。

ただし、私の考え方は少し違います。ソールの厚さとタイムを照らし合わせるだけでは、本当に自分に合ったシューズを選ぶことはできません。

ソールの厚さはシューズのクッション性に大きく影響します。一般的には、ソールが厚くクッション性が高いシューズは初級者向け、ソールが薄くクッション性が低いシューズは中・上級者向けと考えられがちです。

ところが、日本人ランナーに多いピッチ走法では、クッション性の高いシューズでは弾みすぎてリズムを整えることが難しく、走りにくさを感じることもあります。つまり、初級者であってもピッチ走法で走る人には、クッション性の高いシューズが適しているとは限らないのです。

また、クッション性が高いシューズでは、それだけ着地のときに足がブレるので、スピードを上げて走ろうとすると安定感が損なわれます。初級者が膝や足首に痛みを感じると、衝撃をやわらげようとクッション性の高いシューズを選びがちですが、着地が安定せずにかえって痛みがひどくなってしまうこともあります。

痛みがある場合には、その原因が左右の脚の長さの違いにあるのか、足に合っていないシューズを履いているからなのかなど、どこにあるかをまず確認すべきです。

三村流シューズ選びのポイント

ここで、私なりのシューズ選びのポイントをご紹介します。

まず、なにより大切なのはフィット感です。このフィット感も踵部分、つま先、横幅、土踏まず部分、足の甲など部位によって異なります。

踵部のフィット感で大切なのは、しっかりとした「ホールド感」があること、専門的に言うと「リアフットの安定性」があることです。ここの感覚がきつすぎず、しかも、シューズの中で踵が動いてしまうことがないように、シューズを選ぶようにしましょう。

次が、つま先部分のフィット感です。これは、最も長い足指の先端から10～13ミリの余裕があることが大切です。おおよそ「人差し指の幅1本分」の余裕です。

また、横幅のフィット感も重要です。これを確認するには、シューズを履いてヒモを締め、片足立ちをしてみましょう。足幅の最も広いところの、シューズ内での当たり具合を確認します。一般的な日本人男性の足の幅は2E（女性の場合はD）とされていますが、「足長÷足囲」が100を超えるなら3E（女性の場合はE）などの幅広のものを検討してもいいでしょう（正確に調べたい方は、JIS規格を参考にしてみてください。インターネットでも確認できます）。

足幅の最も広い部分だけでなく、母趾球《ぼしきゅう》と小趾球《こしきゅう》を結んだラインの左右の当たり具合や、その部分のソールの曲がり具合を確認することも重要です。走るときは最後にこの部分を

シューズ選びでポイントになる主な箇所

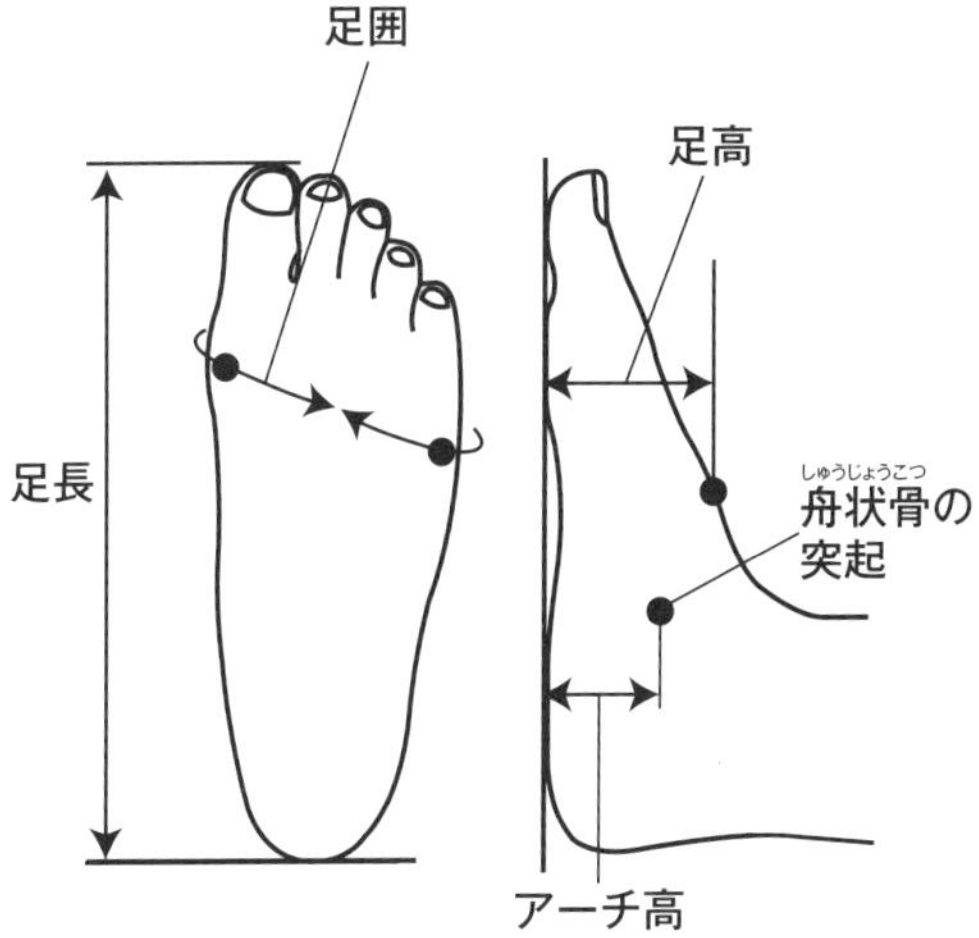

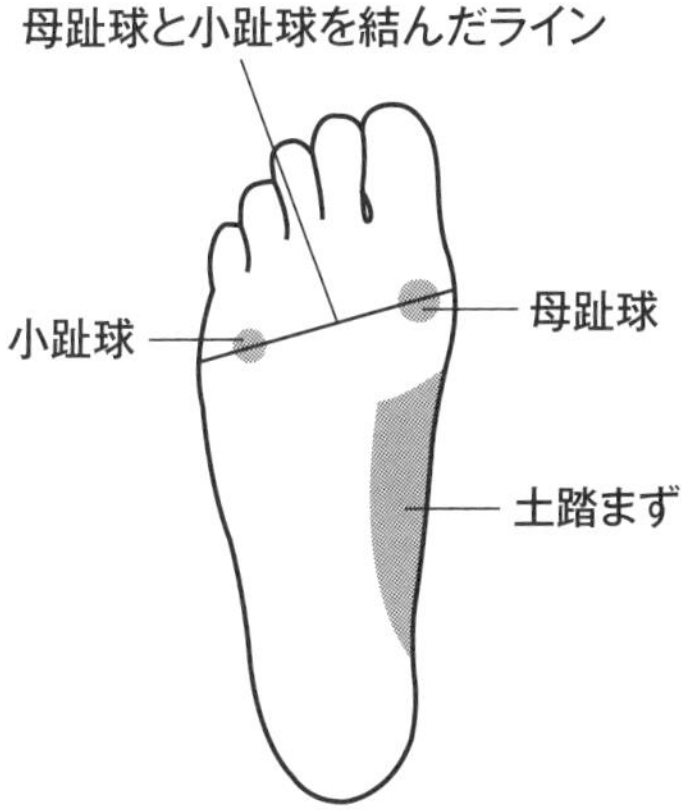

曲げて蹴り出すことになるからです。シューズを履いてソールを曲げてみて、このラインの部分でうまく曲がる構造になっていると走りやすく感じるものです。

足裏の感覚では、土踏まずの部分のフィット感を確認してください。既成のシューズではインソールのアーチの高さや位置が自分と合っていないことも多いので、その場合は、別途インソールで調整する必要があります。

ちなみにアーチの基準は「アーチ高（舟状骨《しゅうじょうこつ》高）÷足長」の割合です。男性であれば17～18％、女性なら16～17％程度が標準とされています。専門のシューズショップなどで測ってくれます。その際、アーチが高い人は、長時間走っているとアーチが落ちてくるため、最初からあまり当たりすぎないインソールを選んだほうがいいでしょう。アーチが低い人は、日頃から青竹踏みなどをしてアーチがほどよい高さになるようにしたいものです。

足の甲の部分のフィット感では、普通にヒモを結んで、左右のヒモ通しのラインが平行に揃うのが理想です。

そして最後に、必ず左右のシューズを履いて、できればトレッドミルなどを使って実際に走ってみて、グリップや安定性が自分に合っているかどうかを確認してみてください。シューズの中で足のブレを感じることなく、リズムよく走れるかどうかが重要です。そ

三村流マラソンシューズ選びのポイント

①両足でシューズを履いて、ヒモを締め、片足立ちしてみる（左右とも）

- □ 踵のホールド感があって、安定しているか？
- □ 足指の先端から10～13ミリの余裕があるか？（人差し指の幅1本分程度）
- □ 足幅のもっとも広い部分の当たり具合は悪くないか？ ゆるすぎないか？
- □ 母趾球と小趾球を結んだラインの当たり具合、ソールの曲がり具合はどうか？
- □ ヒモ通しのラインが平行になっているか？
- □ 土踏まずのアーチとインソールが合っているか？（ハイアーチの人の場合は、当たりすぎないほうがいい）

②その場で、あるいはトレッドミルで走ってみる

- □ シューズの中でブレを感じないか？　キツさを感じないか？
- □ リズムよく走れるかどうか？（ソールの厚さや柔らかさの違うシューズを履き比べると、違いを体感しやすい）

踵着地から蹴り出しまでの重心移動の例

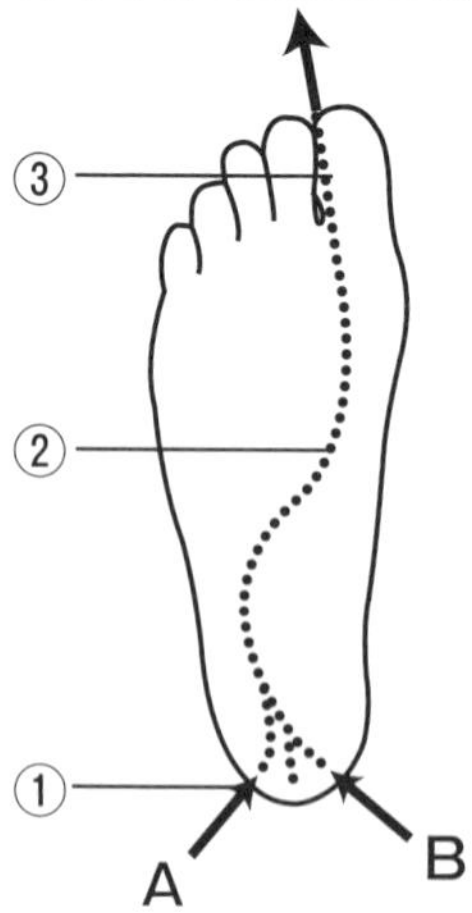

の際にソールの厚さや柔らかさが全く異なるシューズを履き比べると、その違いが体感しやすく、自分の感覚に合うシューズが見つけやすくなります。

自分の着地のクセを知っておく

自分の走り方を知っておくこともシューズを選ぶときに重要です。専門的には多くのポイントがあるのですが、ここでは一般にもわかりやすい着地に注目しましょう。

そこでまず、日本人ランナーに多い重心移動のパターンを示しておきます。

①踵から着地→②土踏まずのアーチで衝撃を吸収（このとき、外反〈オーバープロネー

ション〉する人が7割）→③最後に指先から重心が抜けていく。

自分のシューズの裏側を確認していただき、シューズの踵部分の外側ばかり減る人は、踵の外側から着地していることが考えられます（A）。O脚の人などに多く、「ランナーズ・ニー」と呼ばれる腸脛靭帯炎《ちょうけいじんたいえん》や腓骨腱鞘炎《ひこつけんしょうえん》になりやすいとされています。こういう人は、脚の内と外の筋力バランスが悪いことが多く、内転筋のトレーニング（186ページ）をすることで矯正していく必要があります。

反対にシューズの踵部分の内側ばかり減る人は、X脚の人などに多く見られます（B）。膝の内側の痛み、鵞足炎《がそくえん》などになりやすく、次項のオーバープロネーションと同じようにシューズで対応するのが良い方法です。

プロネーション・パターンを把握する

走っているときの②の段階で、土踏まずがつぶれることで衝撃を吸収し、足首が内側に倒れ込む一連の動きをプロネーションと言います。この際、必要以上に内側に倒れ込んでしまう「オーバープロネーション」になっているランナーが少なくありません。

オーバープロネーションの場合は、シューズで対応する必要があります。オーバープロネーションを防ぐためにソールの内側を補強したシューズを履くようにしましょう。

反対に、着地後に足首が外側に倒れ込むことをサピネーション（アンダープロネーション）と言いますが、こちらはO脚の人に多いので、内転筋を鍛えることで矯正していくことができます。

ランニングシューズの専門店などでは、このプロネーションを測ってくれるところもありますから、自分が着地の際にどういう傾向があるかを知っておくといいでしょう。

足のバランスを整える二つのトレーニング

また、自分の足の補強ポイントを知っておくことも大切です。

たとえば、左側の股関節が疲れやすいとします。その場合、左脚の筋力が弱いと考えがちです。しかし、そんなケースでは、左脚の筋力が弱いのではなく、「左側を使いすぎているから疲れる」ということが少なくありません。つまり、弱いのは左脚ではなく右脚であり、走るときに左脚に頼ってしまっているために、「左の股関節が疲れる」のです。

その場合、重点的に補強すべきは右脚であり、疲れるからといって左脚ばかり鍛えると

着地時の3つのプロネーションパターン

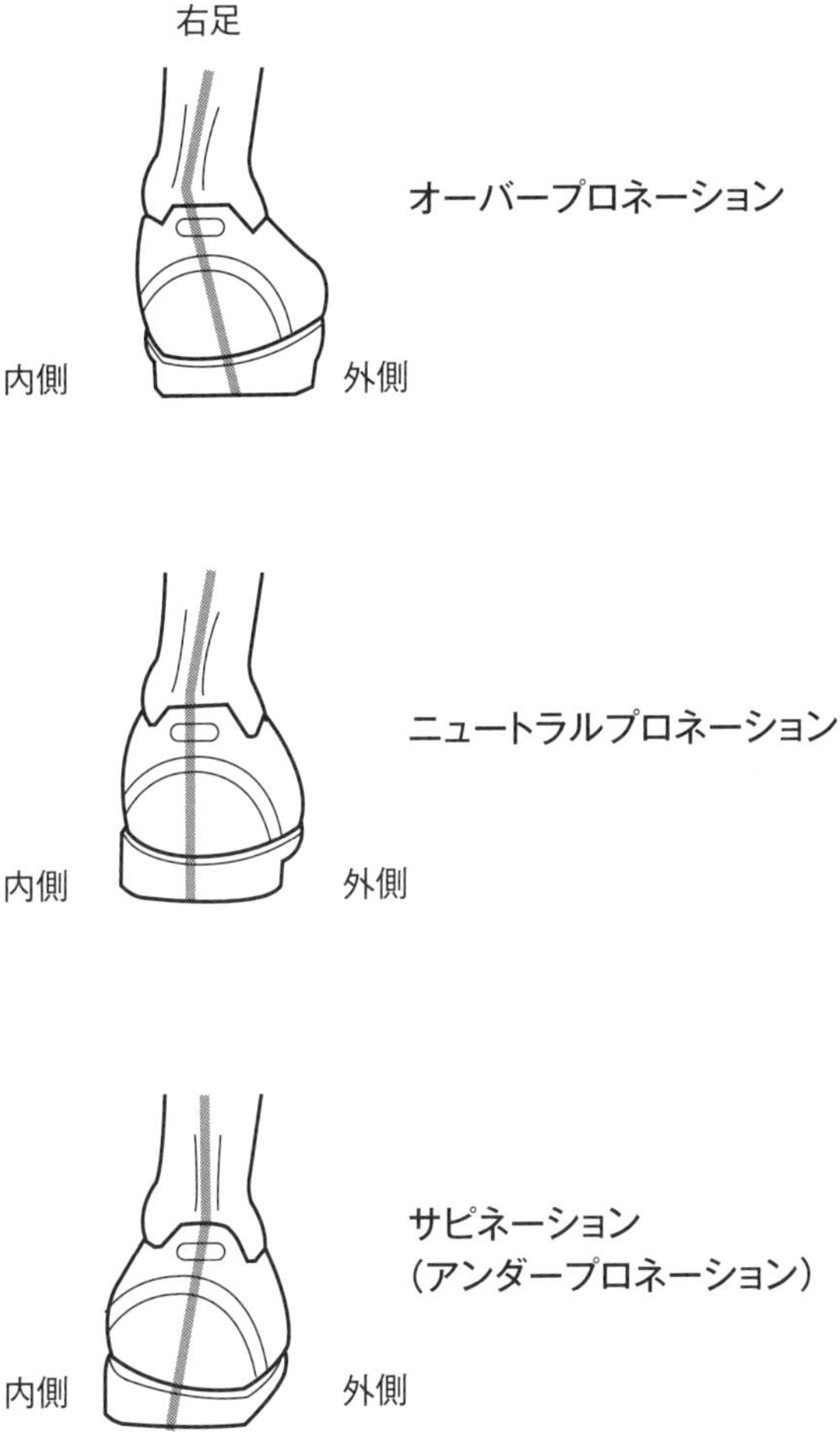

足のバランスを整える2つのトレーニング

1. 内転筋（内もも）を鍛えるトレーニング

①仰向けに寝て、肘で上体を起こし、片膝を立てる
②お尻が浮かないようにして、内ももを意識しながら、立てた膝をぐーっと中に入れて20 秒程度キープする
③体力に応じて、左右の脚で複数回行う

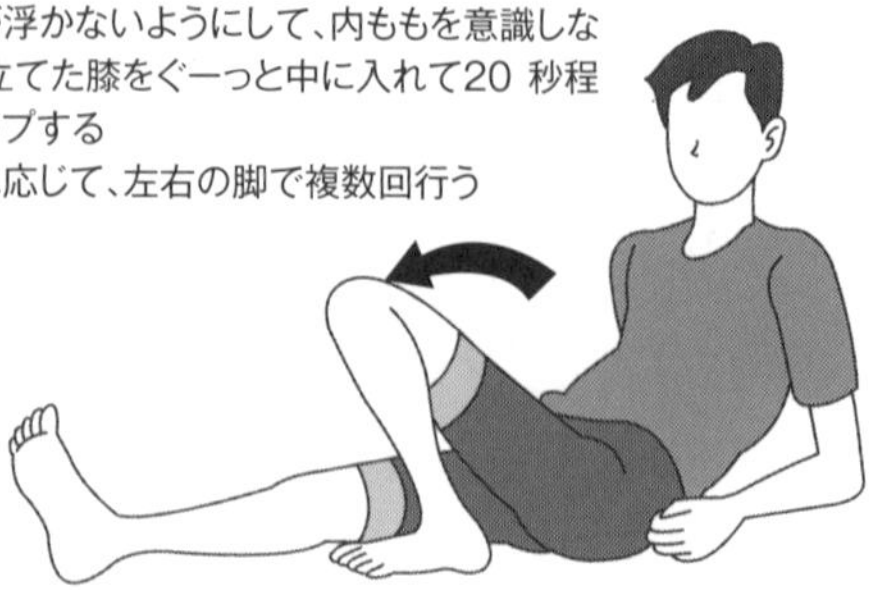

2. 脚上げトレーニング

①上げるのと反対側の脚を少し前に出す

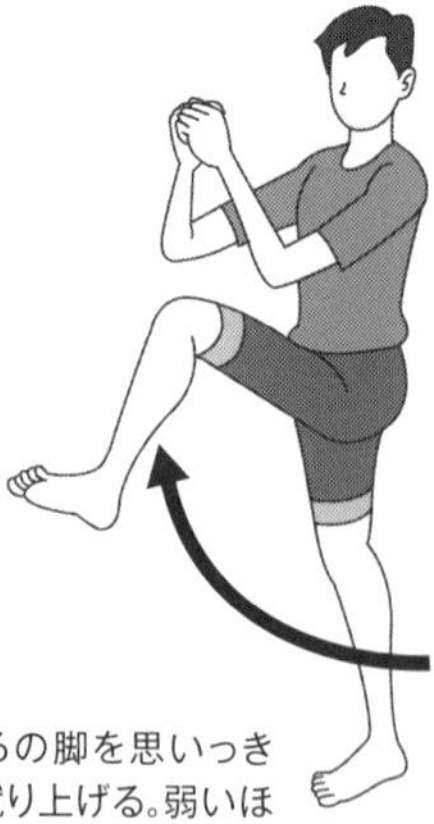

②後ろの脚を思いっきり蹴り上げる。弱いほうの脚を重点的に、体力に応じて20 ~ 50回、複数回行う

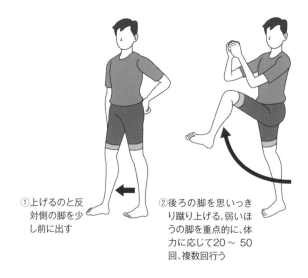

左右の筋力の差は開く一方になります。そんなトレーニングを継続していくと、強い箇所と弱い箇所の差がさらに開き、故障を繰り返してしまうことも考えられます。

同様のことは、片側の前脛骨筋（脛の筋肉）が張ってしまうときにも考えられます。疲れるほうをかばって、反対側のアキレス腱などに痛みが出ることも多いのです。

左右どちらの脚を偏って使ってしまっているかは、シューズの底の減り方の差になって表れやすいですので、目安にしてみてください。

弱い部分を鍛えるために、私はよくアスリートたちには、脚上げトレーニング（右ページ）や片足スクワットをするようにアドバイスしています。

青春新書 *INTELLIGENCE*

こころ涌き立つ「知」の冒険

いまを生きる

〝青春新書〟は昭和三一年に——若い日に常にあなたの心の友として、その糧となり実になる多様な知恵が、生きる指標として勇気と力になり、すぐに役立つ——をモットーに創刊された。

そして昭和三八年、新しい時代の気運の中で、新書〝プレイブックス〟にその役目のバトンを渡した。「人生を自由自在に活動《プレイ》する」のキャッチコピーのもと——すべてのうっ積を吹きとばし、自由闊達な活動力を培養し、勇気と自信を生み出す最も楽しいシリーズ——となった。

いまや、私たちはバブル経済崩壊後の混沌とした価値観のただ中にいる。その価値観は常に未曾有の変貌を見せ、社会は少子高齢化し、地球規模の環境問題等は解決の兆しを見せない。私たちはあらゆる不安と懐疑に対峙している。

本シリーズ〝青春新書インテリジェンス〟はまさに、この時代の欲求によってプレイブックスから分化・刊行された。それは即ち、「心の中に自らの青春の輝きを失わない旺盛な知力、活力への欲求」に他ならない。応えるべきキャッチコピーは「こころ涌き立つ〝知〟の冒険」である。

予測のつかない時代にあって、一人ひとりの足元を照らし出すシリーズでありたいと願う。青春出版社は本年創業五〇周年を迎えた。これはひとえに長年に亘る多くの読者の熱いご支持の賜物である。社員一同深く感謝し、より一層世の中に希望と勇気の明るい光を放つ書籍を出版すべく、鋭意志すものである。

平成一七年　　刊行者　小澤源太郎

著者紹介
三村仁司〈みむら　ひとし〉
1948年兵庫県生まれ。高校時代は長距離選手としてインターハイ等で活躍。卒業後、オニツカ株式会社(現・株式会社アシックス)に入社。成型係、研究室等を経て、74年別注シューズの製作を開始。数々のメダリスト、アスリートにシューズを提供。2004年厚生労働省「現代の名工」表彰、06年黄綬褒章を受章。09年に定年退職し、シューズ工房「ミムラボ」を設立。現在は同社代表取締役兼アディダスジャパン専属アドバイザー。これまでに瀬古利彦、森下広一、有森裕子、高橋尚子、野口みずき、イチロー、長谷川穂積、内川聖一、香川真司…らにシューズを提供。青山学院大学駅伝チームのシューズ製作も行い、15年16年の箱根駅伝連覇に貢献している。

一流《いちりゅう》はなぜ
「シューズ」にこだわるのか

青春新書
INTELLIGENCE

2016年8月15日　第1刷

著者　三《み》村《むら》仁《ひと》司《し》

発行者　小澤源太郎

責任編集　株式会社プライム涌光
電話　編集部　03(3203)2850

発行所　東京都新宿区若松町12番1号 〒162-0056　株式会社青春出版社
電話　営業部　03(3207)1916　振替番号　00190-7-98602

印刷・中央精版印刷　製本・ナショナル製本

ISBN978-4-413-04490-5